天才脑科学家的
洞见之作

科学验证的
改运法

[日] 中野信子 著
卓文怡 译

北京燕山出版社
BEIJING YANSHAN PRESS

图书在版编目（C I P）数据

科学验证的改运法 / (日) 中野信子著 ; 卓文怡译
. -- 北京 : 北京燕山出版社, 2018.7
ISBN 978-7-5402-5154-3
Ⅰ. ①科… Ⅱ. ①中… ②卓… Ⅲ. ①成功心理－通俗读物 Ⅳ. ①B848.4-49
中国版本图书馆CIP数据核字(2018)第138940号

科学验证的改运法

著　　者：[日] 中野信子　　　　译　　者：卓文怡

策　　划：双螺旋文化　　　　责任编辑：战文婧　俞　伽
特约编辑：申　海　　　　　　封面设计：7拾3号

出版发行：北京燕山出版社有限公司
地　　址：北京市丰台区东铁匠营苇子坑 138 号
邮　　编：100079
电话传真：86-10-65240430
网　　址：http://www.bjyspress.com/

开　　本：880×1230　1/32
印　　张：4.75
字　　数：60 千字
版　　次：2018 年 10 月第 1 版
印　　次：2018 年 10 月第 1 次印刷
印　　刷：北京京都六环印刷厂

书　　号：ISBN 978-7-5402-5154-3
定　　价：35.00 元

Contents
目 录

前言

第一章
把自己当成世界的中心

第二章
相信自己运气好

第三章
与他人互助互惠

第四章
设定属于自己的幸福标准

第五章
正向祈祷

结语

前言

脑科学专家
为你解开好运的秘密

当你开车一路遇到绿灯，会觉得“好幸运”。

在超市排队结账时，只有自己排的这一列顺利地前进，你会觉得“运气不错”。

在抽奖时碰巧中了头奖，你会带着半喜半忧的心情想：将好运用在这里好吗？

就像这样，我们经常会无意识地联想到运气这件事，并且祈祷自己“拥有好运气”。

那么，怎样才能拥有好运呢？幸运之神会眷顾什么样的人呢？本书将会用科学的角度来解释这个现象。

我毕业于东京大学研究所，专攻脑神经医学。2001年之前待在法国的萨克雷研究所，现在是以自由身份继续研究脑科学。

“运气”乍看之下一点都不科学，因此科学家谈论运气，或许令人感到不可思议。但看似不科学的运气，若是以科学的角度仔细观察及思考，你将意外发现它其实具有科学的一面。

任何人身上都有好运及坏运，只是取决于你如何掌控自己的命运。

首先，我们来思考好运及坏运会公平地发生在每个人身上这件事。

数学理论中，有一套统计模型称作“随机漫步”。

举例来说，当你丢出硬币时，出现正面就加1，出现反面就减1。将实际丢出一万次硬币的结果记录在坐标轴上，你会发现最后几乎不可能坐落在0处。结果大多为正200到300，或是负200到300。此外，也不会发生一万次全部是正或负的情形。

运气也是如此。有些人会认为自己过去运气一直很背，或是好运不曾间断过，但这其实也可以用随机漫步模型来解释。**在人生有限的时间里，好运及坏运的次数往往会偏向其中一**

边，但几乎不可能有完全好运或完全坏运的情况发生。

以脑科学的角度来看，人类有一种特质，当负面情况持续时，就觉得是坏运；反之，当正面情况持续时，就觉得是好运。

虽然只是随机发生的结果，然而只要连续出现五次正面，我们的大脑就会感觉出现很多次正面。连续性的现象会让人留下深刻的印象，而脑部很难接受正面或负面的连续只是出于偶然。即使想要冷静地重新审视，仍旧会觉得偏向某一边。像这样的情况，就称为“错觉”。

举例来说，当你画出几条平行横线，在平行横线的上下，不对齐地画出几个黑白的正方形后，你会发现一开始画的平行横线呈现扭曲的状态。无论你再怎么仔细、冷静地观看，仍旧是扭曲的线条。

这就是常见的错视，这种现象也会发生在观察人生种种事件之时。换句话说，“运气好坏”只是脑部的认知，只要冷静分析，就知道那不过是错觉而已。

很多人会说：“虽然这么说，但这世界上就是有好运的人，我也想拥有好运气。”你正是因为这么想，才拿起本书阅读吧？

其实，还有许多与“好运及坏运”有关的脑科学秘密。我将在这本书中一一为你解开疑惑。

首先，你必须牢记：其实我们的身边有着无数肉眼看不见的“好运及坏运”。

举例来说，假设你平常上班走的那条路上掉落了一个装着一百万支票的信封，偏偏那一天你起得特别早，想要走到下一个车站再搭车，所以走了另一条道路。

如果你走平常的那条路，或许就会捡到这个装有一百万支票的信封。交给警察后，如果信封的主人没有出现，还可以领到酬谢金。但是，你不会察觉到自己因为走了与平常不一样的路，而丧失了这份好运气。

或许你一如往常走那条路，会遇到不想见到的人，或是被石头绊倒。然而，你也不会察觉到自己因为走了与平常不一样的路，所以逃过了坏运。

我们总是把焦点放在肉眼看得见的好运及坏运上，由此就认为自己运气好或差。然而另外还有几倍、几十倍无法察觉到，没有办法证实的好运及坏运，如果将这些都包含在内，其实运气的好坏都公平地降临在每个人身上。

那么为什么还有所谓运气好的人及运气差的人?

所谓好运的人，他们总是比别人更能抓住机会，防止坏运发生，或是将坏运转变成好运。

而坏运的人则完全相反，他们总是容易让机会溜走，抓住坏运不放，或是无法将坏运转变成好运。

此外，当你仔细观察那些所谓好运的人，会在他们身上看到共同的行为模式、价值观及思考方式。

换句话说，好运的人并不是单纯受到“幸运之神眷顾”，当他们抓住好运的同时，也会采取防止坏运侵袭的行为、价值观及思考方式。而运气不好的人则恰恰相反。

当我们探讨为何好运的人的行为模式及思考方式会掌握好运，并且防止坏运发生时，会发现这些行为模式或思考方式可以用科学的方式来解释。

无论是开口说出自己真好运、真走运，或是将梦想、目标及想要的东西写在纸上贴起来以便实现，还是感谢他人，这些全都可以用科学的方式来说明。

本书会用脑科学的角度，来解释诸如此类可以立刻实践的好运行动及思考方式。或许这些行为或思考方式你曾经听过，然而书中会以科学的根据来做说明，我相信更具有说服力，而且可以激发读者的干劲。

美国佛罗里达大学的研究显示：“幸福的人有更多赚钱的机会。”当我们看见不为金钱烦恼的人时，容易认为“有钱真幸福”，但其实他们是“因为幸福才有钱”。

这就像好运的人的行为模式及思考方式跟运气有着关联性一样，当你仔细观察好运的人的行为模式及思考方式时，你会发现那其实就是“让自己活得更好”。

例如，好运的人们总是很珍惜自己。他们不会轻易随着世俗的眼光或想法而行动，而是重视自己的价值观，更加爱惜自己。

此外，他们的同情心比别人多了一倍。他们在任何时候都不会只追求自己的好处，他们会为他人着想，以与他人共同生存下去为目标。

总而言之，就是让自己过得更好。也正因为他们让自己过得更好，才会受到幸运之神眷顾。

在本书中，会依据科学根据来介绍获得好运的具体行动及思考方式。例如“把自己当成世界的中心”、“相信自己运气好”、“与他人互助互惠”等。当你实践这些事后，你将会过得更好。

只要你坚持获得好运的行动及思考方式，每天累积，明天会比今天来得好，后天会比明天来得更好。总有一天，当你察觉到时，你已经改变了生存方式，同时幸运之神也开始眷顾你了。

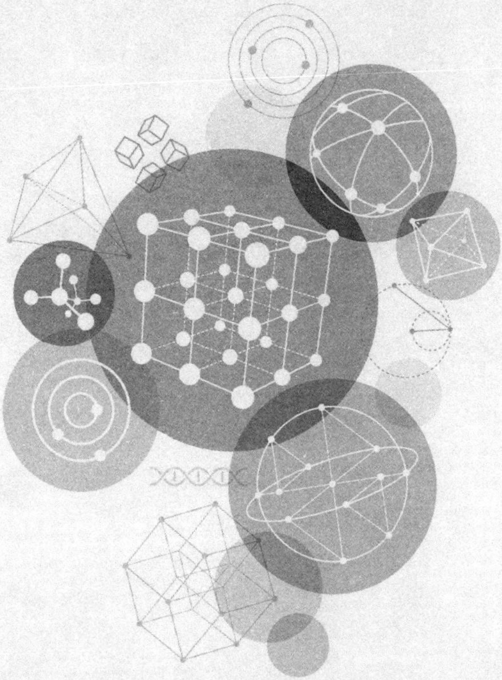

第一章

把自己当成世界的中心

活用现在的自己

当你想成为好运的人时，你是否会自然地努力改变自己？

例如，当你认为经济富裕的人就是好运的人时，你会想努力让自己变得经济富裕。当你认为健康长寿的人就是好运的人时，你会努力让自己变得健康。我们总是容易为了成为心目中的好运的人，而去学习或改变环境等，甚至改变现在的自己。

但这样的做法不太对吧？我认为："为了成为好运的人而努力改变自己，乍看之下好像朝着成为好运的人的方向前进，但其实是绕远路。说得更明白一点，就是这样做距离成为好运的人只会愈来愈远。"

这是因为每个人的大脑都有各式各样的特征，而这些特征会塑造一个人的个性。

举例来说，我们的大脑里有着血清素、多巴胺、去甲肾上腺素等神经传导物质，每种物质的含量因人而异。

这些神经传导物质使我们产生情绪，也就是喜怒哀乐。血清素抑制脑部过度觉醒或活动，能使人感到安心、安全并冷静下来；多巴胺则是干劲的来源，当我们在进行某件事时，它会提高我们的动力；而去甲肾上腺素则能提高我们的专注力。

虽然这些都是维持身体健康不可欠缺的物质，但分泌过量也会对身体和脑部有害。因此神经细胞里有种名为“单胺氧化酶”的物质，专门分解血清素、多巴胺、去甲肾上腺素，来调整总含量。这种物质的分解能力会因遗传而不同，而这就是每个人大脑的特色之一。

单胺氧化酶分解能力低的女性，容易感到幸福，与生俱来就有着高度的幸福感。若是分解能力特别低的人，虽然容易感到幸福，但也容易做出反社会的行动。

明明有着高度的幸福感，却容易做出反社会行动，这种现象乍看之下有些奇怪。单胺氧化酶的分解能力低，就代表血清素的分泌量多；血清素多，就会感到安心及安全，因此不会产生不安感。人之所以会有不安感，是因为有看到未来的眼光，以及考虑未来的能力。

反过来说，正因为不想思考未来的事，所以才感到安心。

换句话说，血清素分泌量多时，因为不会考虑将来的事，才会产生“现在开心就好”的想法，做出反社会的行动。

此外，男性若是单胺氧化酶的分解能力低，就会成为具有攻击倾向的人。

就像这样，我们的头脑有着与生俱来且自己难以改变的个性。

如果明白自己的大脑特征，自知“我这个人就是做事不经大脑，以后应该在行事之前都认真思考”，人确实可以稍微改变自己的大脑特性，不过却无法做到大幅度的改变。

换句话说，我们往往会“期许自己变成好运的人”，进而努力尝试改变自己。但其实这是件相当困难的事，不可能轻易做到。

因此，我们要试着转换方向，思考如何“把现有的自己发挥至最大成效”。你不需要去改变自己，而是有效利用自己目前的特质。

例如幸福感高、容易做出反社会行动的人，反过来说就是“天不怕地不怕”。像他们这种天不怕地不怕的个性，可以将能力发挥在业务或巨额金融交易的工作上，或是可以给予容易产生不安感的人鼓励。

具有攻击性特质的人，可以从事律师等必须发挥唇枪舌剑能力的职业，在组织中也可胜任公关的工作。

像这样，除了发挥自己与生俱来的优点，就连乍看之下的缺点也能转换成优点加以活用。把所拥有的一切都当成自己的资质，努力加以运用。

即使现在的状况有些偏离世俗的标准，但只要自己觉得活得惬意，就应该好好加以运用。例如如果有人无法去学校或公司，不需要勉强他，而是应该思考就算他不去学校或公司，有什么是他可以做的。

你不需要去配合世俗的眼光来行事。最重要的是自己，并且把自己的能力发挥到淋漓尽致，这才是成为好运的人的必要条件。你必须活用现在的自己——自己的身体、思考模式、价值观及直觉等。

首先，你必须思考如何发挥自己的能力。

所谓活用现在的自己，也就是下一个章节提到的“看重自己，珍惜自己”。你并不需要去学会或得到什么新东西，而是要完全发挥自己与生俱来的能力。

这才是成为好运的人的捷径。

看重自己，珍惜自己

珍惜自己——这也是从活用现有的自己所衍生而来的，好运的人一定都会做到这一点。

举例来说，早上你发现自己穿的袜子破了一个洞。这种时候，好运的人绝对不会有“反正今天在外头不会脱掉鞋子，就这么穿出门吧”的念头，他们会立刻换一双袜子。

好运的人单独用餐时，不会随便就打发自己。他们会去一家提供精致餐点的餐厅用餐，或自己做简单的料理。

换句话说，就是不会随随便便对待自己，会珍惜自己。

他们会像尊敬他人一样地尊敬自己。

我在阅读娜迪诺·罗斯柴尔德伯爵夫人的著作《罗斯柴尔

德家的上流礼仪指导手册》时，也有过共鸣。

很多人都晓得，罗斯柴尔德伯爵夫人原本只是个法国巴黎小剧场的女演员。她出生在一个贫穷的家庭，中学毕业后就离开家，到印刷厂及城镇的工厂卖命地工作。后来她虽然当上小剧场的女演员，但并不是什么有名气的明星，而且长相也并不特别吸引人。

如此平凡的她，却遇上了爱德蒙·罗斯柴尔德男爵。此男爵是罗斯柴尔德家族的中心人物，也名列世界富豪排行榜。娜迪诺与男爵结婚后，所生活的世界比她小时候梦想过的更加奢华，可说是受到了幸运之神的眷顾。

她在著作中曾提到："你该优先考虑到的就是你自己。"

她说："如果你一个人生活，应该要随时保持房子干净。即便是一个人喝茶，你也应该使用洁净的杯子。如果你一个人在家用晚餐，那你应该在回家的路上，替自己买一束花及美味的甜点。"

换句话说，你要喜欢、珍惜和重视自己。

当我阅读到这段文章时，不禁想着："珍惜自己的人，果然就会成为好运的人！"

那么，为什么珍惜自己的人，会与好运扯上关系呢？

一个人的运气好坏，与是否跟身边的人维持良好人际关系有着密不可分的关联性。珍惜自己的人，别人也会同样地珍惜你。相反地，当你根本不重视自己时，别人也不会重视你。

举例来说，假设你的眼前有两辆车，一辆擦拭得干干净净，另一辆则是脏兮兮且有被敲打过的痕迹。如果要你在这两辆车之间选一辆大力敲打的话，你会选哪一辆？我想大部分的人都会选脏兮兮的那辆车。

这在心理学上称作“破窗效应”，人一旦打乱了特定秩序，之后就会变本加厉。

举例来说，在干净整齐的道路上，你不会随意乱丢东西，然而若是一条充满垃圾的道路，你就会有多丢一个垃圾也无所谓的心态。处在一个已经打乱秩序的地方，你很难遵守秩序。

这个道理其实也同样适用于人的身上。

你不容易对珍惜自己的人太随便，可对于不太重视自己的人，你是否会认为对这种人不用太认真？当你面对穿着整齐的人，会不由自主地用尊重的口吻跟他谈话；反之，面对穿着随便的人，就很难用尊敬的口吻与他交谈。

换句话说，想要别人重视你，并且与周围的人建立良好的人际关系，你就必须先爱惜你自己。

套用一句罗斯柴尔德伯爵夫人的话：“你要喜欢自己，考虑到自己。”

拥有属于自己的“幸福标准”

好运的人铁定拥有属于自己的“幸福标准”，也就是非常清楚自己在什么情况下能感到快乐，了解什么状况能让自己感到幸福。

“幸福标准”往往因人而异：有些人会说待在咖啡厅，放松心情地阅读书籍比什么都快乐；有些人则是将房子打扫得干干净净就觉得心情好；有些人喜欢和宠物相处的时光；有些人觉得运动时最快乐；或许还有人会觉得工作或念书时最开心。

要掌握好运，最重要的就是拥有属于自己的“幸福标准”。

不过必须注意的是，你只需用你自己的标准来衡量即可。

你不需要受一般世俗的眼光或别人的意见影响，重点在于你要以自己的价值观来了解属于自己的幸福标准。

举例来说，前面提到的罗斯柴尔德伯爵夫人说过，就算是一个人品茶，也不能使用缺角的杯子，应该使用洁净的茶杯。但假设这个缺角的茶杯是最珍爱的人送的，又是自己长久以来所爱不释手的茶杯，相信使用它所泡出来的茶，仍旧会是最香醇的。继续使用这样的茶杯，也是个不错的选择。

不过罗斯柴尔德伯爵夫人或许还是会说："就算真的是这样，我仍旧不会使用缺角的茶杯。"

换句话说，使不使用缺角的茶杯会因人而异。最重要的是，你必须知道自己真正的感受为何，看清自己的大脑会有什么反应后，再遵从这些感受和反应去行动。

依据自己的标准行事，不须理会别人的标准。别人的想法不重要，重点在于自己是否打从心底"感到开心"和"觉得舒服"。

好运的人会衡量自己的"幸福标准"，积极创造让自己保持好心情及感到舒服的状态。

为什么这件事会和运气有关呢？其实，"幸福标准"拥有一股吸引他人的力量。

人的大脑里，有一套感受"快感"的回馈机制。这套系统位于脑部深处，由外侧下丘脑、丘脑、内侧前脑束、中间的中脑、尾状核等可以创造快感的部位所组成。人会因这些部位受到刺激而感到快乐。不光是食欲等本能性的欲望，其中还包括“让自己心情愉快的行为”，例如帮助他人等社会性的行动。

积极让自己处于好心情及感到舒服的人，懂得经常刺激这一套回馈机制。善于操纵回馈机制的人，可说是非常满足现状的人。

当一个人沉浸在开心的状态时，就会感到幸福，这时他不会产生“想要做得更好”及“早知道那样做就好了”的念头，只有“哇，心情真好”和“真舒服”的感受，甚至会出现“我什么都不需要”的想法。

换句话说，时常努力让自己处于愉快心情（懂得刺激回馈机制）的人，以心理学来说，就是能让自己保持“自我和谐”状态的人。

所谓自我和谐的状态，就是理想的自己与现实的自己相同，能够全盘接纳现有的自己。简单来说，就是喜欢现在的自己。这样的人会保持在肯定自己的状态，认为自己头脑不差、工作得心应手、身材苗条。

能保持自我和谐状态的人，具有吸引他人的魅力。

当一个人完全不会出现“想要做得更好”、“好想那样做”的想法时，旁人待在他们身边就不会觉得有压力。此外，因为一直保持着愉悦的状态，周围的人也会有好心情。

另外，处在自我和谐状态的人的共通点，就是可以接纳别人的意见。即便说话的人情绪激动，他们却可以安抚人心，这样的人肯定会受到他人的爱戴。

换句话说，**好运的人拥有属于自己的“幸福标准”→会积极努力创造出让自己感到幸福的状态→变成自我和谐的状态（喜欢自己的状态）→受到别人的爱戴。**

重视自己更胜于常规

若你身边有认真、不会怀疑他人、完全接纳别人意见、有着强烈责任感的人，乍看之下你会觉得这个人很完美，但其实这种人的运气通常都不好。

这世界上，如果一家公司在发放薪水及工作时间上违反了劳动法，就被称为“黑心企业”。我曾读过一家黑心企业社长所写的文章，他提到在选用人才时，总是挑选“好使唤的优秀人才”。而他心目中的“好使唤的优秀人才”，特色之一就是“认真、不会怀疑他人、完全接纳别人意见、有着强烈责任感”。

你一定认为这种人根本就是理想中的人才吧？

但当我阅读这篇文章时，不禁产生“这种人确实比较容易被黑心企业所利用”的想法。

以常识来看，这种人的“认真、不会怀疑他人、完全接纳别人意见、有着强烈责任感”会被一般人视为优点，为什么反而会运气不好呢？

所谓“认真”，某种意义上就是让自己符合社会的规范——不会怀疑他人，完全接纳别人意见——但这往往代表没主见，也就是不重视自己。

总是配合社会规范、没有主见的人，当他发挥责任感时会变得怎么样呢？

这样的人进入了一家公司，即便发现公司哪里有异状，待起来不舒服，他也无法轻易离开这家公司。这种人会觉得“大家都这么努力，只有我辞职的话，实在太对不起大家，我太没有责任感”。这种责任感是否用错地方了呢？

即使这些特质以常识来看都是优点，然而使用在错的地方时，就会变成缺点而造成负面影响。

那么，我们该怎么看待这些常识呢？

你要时时刻刻记得，社会的规范或标准不见得都是正确的，必须考量到另一面。当然，有时你还是得遵守社会规范及标准。但你不能只听从别人的意见，而是应该视不同情况来采取行动，这才是为了自己与周围的人好。

这种时候，最重要的就是重视自己更胜于社会规范及常识。也就是说，你要把自己放在第一位。

此外，全盘接受社会规范及标准的人，有可能比较缺乏探索好奇之心。

人们容易对日常生活的事物感到厌倦，想了解新事物，在得到新知识时会感到开心，这就是探索好奇之心。这种探索好奇之心会遗传，有人很强，有人很弱，有人则属于中庸。

举例来说，在便利商店购买饮料时，会选购新口味商品的，就是好奇心较强的人；而选择常买口味的，就是好奇心较弱的人。或者新款手机上市时，会立即跑去购买的人，就是具有强烈好奇心；而不大买新产品的人，就是较没有好奇心的人。

而具有些微好奇心的人，只要认为某些社会规范及标准是对的，通常就会持续遵守。他们比较没有主见，总是以社会规范及标准为优先。

一个人与生俱来的好奇心强弱，虽然没有办法改变，但你可以在明白自己的倾向后稍做修正。例如当你发现自己总是买同一款饮料时，就知道自己是个较没有好奇心的人。因此，你可以告诉自己：“下次在选购饮料时，要挑战新的口味。”“我容易全盘接受社会规范及标准，我要多加注意。”接下来，用行动来改变自己。

你的探索好奇之心是强还是弱呢？

你可以问问自己。

随性而活，思维更机灵

好运的人往往活得相当随性——看到这里，你是否觉得很惊讶？

其实，这也是一种重视自己的生存方式。

“随性”的相反就是“认真”。我在前一个章节也提过认真的缺点，在这里我会更加详细地说明，让我们来思考随性的优点。

我曾在网络上看过东京都内山手线电车的行驶影像，那是拍摄者坐在山手线的第一节车厢中，从驾驶座的位置拍摄新宿车站至涩谷车站沿路的风景。拍摄者是从四列不同时段自新宿车站发车的电车中拍摄。在网络上同时播放四个画面，就可得知四列电车的行驶速度差异。

看到这些影像时，我十分惊讶，因为看得出四列电车的行驶速度几乎相同，就算有差异，也只是很微小的程度而已。例如进入代代木车站的月台时，有两列电车几乎是同时进站，另外两列电车只晚了几秒。

而且这位拍摄者还写道，他花了好几天的时间搭乘山手线，发现电车行驶时间最快为 60 分 10 秒，最慢为 60 分 25 秒，两者之间只差 15 秒。

我把这个网站给法国研究所的朋友看，身为法国人的他看到后，不禁惊叹："太不可思议了……"

我也这么认为。我在法国研究所工作时，每天搭电车上班。若是以日本的标准来看法国的铁路，法国电车可说是行驶得相当随性，罢工的次数多到令人难以置信，有时还会毫无理由地突然停驶，甚至多次出现该停的车站没有停的情况，对于使用者来说相当不便，但这就是法国的文化。若你把这件事想成：因为电车停驶的关系，可以将这意外得到的休息日当成是犒赏自己的假日，那么罢工也算是一件好事吧。

日本电车和法国电车可说是强烈的对比，如果日本的电车时刻称作"准确"（认真），那么法国的电车就可以称作"随性"（对法国人来说虽然有些失礼）。

如果将这对比的电车看成是人类的生存方式，法国电车式的生存方式应该就是比较重视自己。

再举一个公司加班的例子。

总是留下来加班、默默耕耘的人，可说是认真的人。另一方面，活得随性的人，只要自己的工作做完就匆忙下班跟女朋友约会，不顾周围人的感受。

在公司这个框框里，或许认真的人比较受欢迎。但是，跳出职员这个框框又会变得怎么样呢?

在认真的人眼里，有人之所以留下来加班，是因为“自己先下班，留下主管或同事，会觉得有点过意不去”。像这种人乍看之下很“认真”，但说到底只不过是受到周围价值观影响而已。这样的人容易迷失自己的价值观，抹杀掉自己的想法。

有时候，自己“抹杀”自己的人，也经常被他人所“抹杀”，这也是前面提到的遭黑心企业利用的原因之一。

另一方面，活得随性的人，或许与公司的价值观有些落差，但他们却会依据自己的价值观来行动。他们有自己想做的事，不会“抹杀”自己，当然也不会遭到他人“抹杀”。

此外，像法国电车式的生存方式比较具有弹性，这也是其优点。

虽然法国电车有许多不方便之处，但正因为随性，也有方便的一面。例如，当电车门即将关闭时，只要有人说“抱歉！请开一下车门”，驾驶员就会再次开启车门。我也曾经看过好几次驾驶员在等追赶电车乘客的画面。

再加上因为富有弹性，所以对于未预料到的事也能迅速对应。因为有着多元化的思考方式，所以对于突如其来的事，也能想出各式各样的办法顺利解决。

而且活得随性的人通常也可以包容他人的随性，对于别人犯错时，也能轻易地原谅对方。

当然，我无意否定认真的态度。要与他人共同生存下去，认真的态度不可或缺。

只不过，我希望你常常扪心自问：你是否把认真当成借口？是否没有好好善待自己？是否迷失了自己的价值观？是否受世俗的眼光束缚？是否还记得自己想做什么事？

了解自己的喜好

每个人都有自己的“喜好”，例如喜欢的食物、颜色、动物和异性类型等。

“喜好”往往是没有理由的。就算被问为什么喜欢这个食物、这个颜色，也很难用具体的原因说明。很多情况下都是没有任何根据，但就是喜欢。

不论如何，你应该了解自己的“喜好”。因为这与个体为了生存下来而做出正确的选择有着关联。

听说女性在选择男性时，最重视的是记忆力。换句话说，她们重视的是对方是否言行一致。举例来说，女性对于男性是否遵守诺言这点有着强烈的反应。这与判断男性是否能“确实带回食物”也有关联。虽然听起来有点现实，但为了生存下去，特别是在狩猎时代，这可是相当重要的。

我们无意识之下的“喜好”，其实是有科学根据的。有些“喜好”已经可以找到明确的理由，而且那是人类身为生物为了生存下去，延续子孙生命，长年累月所学会的能力。

换句话说，要了解自己的“喜好”。这点与先前所论述的“珍惜自己”有共通的意义。

下决定时要问自己是否感兴趣

我建议，当你在犹豫到底要不要做，或该选择哪一边时，可以用“自己是否感兴趣”来判断。

在烦恼该怎么抉择时，人们容易产生哪边才是对的，怎么做才是正确的想法。我希望你不要依此判断，而是以“是否感兴趣”来做决定。

原因为何呢？因为这么做对身体比较健康。

因为觉得正确而带着尽义务的心情去做，与因为感兴趣而带着喜悦的心情去做，两者比较之下，后者当然比较幸福。

根据英国伦敦的一份调查显示，感到幸福的人比感到不幸福的人死亡风险减少 35%。这份调查是以约 3800 名 52 至 79 岁的人为对象进行的。首先请受访者回答数个问题，再针对每个受访者的幸福程度做评比。五年之后，再继续追踪受访者的状况。

结果显示，最幸福的小组的死亡率为 3.6%，最感到不幸福的小组的死亡率则是 7.3%，相差约两倍。再加上考量到年龄及生活习惯种种因素之后，推算出 35% 这个数字。

那为什么主观感到幸福的人会比较长寿呢？这点可以用人体内的免疫系统物质来说明。

人体内有一些免疫系统物质，会随着人的心情而变化。主观感到幸福的人，此物质就会变得均衡；相反地，如果感到不幸福，就会失去均衡而生病。

会随着人的心情而变化的免疫系统物质中，最具代表性的就是“自然杀手细胞”。如果得了流行性感冒等感染症，病毒就会侵入细胞，吞噬细胞，并利用细胞来繁殖病毒。这时，自然杀手细胞就会杀死遭病毒吞噬的细胞。

此外，无论再怎么年轻、健康的人，每天体内都会增长数十至数千个癌细胞。人类的细胞每天都会更新，但在更新的过程中往往会出错，这就是癌细胞。自然杀手细胞会帮我们杀死出错的细胞，因此自然杀手细胞正常运作的人就不容易与癌症扯上关系。

自然杀手细胞的活性程度并不是愈高愈好。不高也不太低、“刚刚好的活性”对人体才是最好的状态。主观感到幸福的人，就是体内自然杀手细胞维持“刚刚好”的人。

此外，名为“细胞激素第六因子”的免疫系统物质，也会因心情而改变分泌量。它是疼痛或发炎的指标物质，特别是风湿症患者，指数往往很高。当我们请风湿症的患者听相声等有趣的表演，让他们大笑之后，细胞激素第六因子的指数明显下降。也就是说，缓和了发炎及疼痛的程度。

疼痛除了会让心情不好之外，还会导致血管收缩和肌肉僵硬，所以血管的状态会严重恶化，血管容易出血，引起血管栓塞等症状，提高生病的风险。对于身体来说，缓解疼痛是相当重要的事。

虽然说生病是身体不健康，但心情的好坏也会对身体造成影响，各种实验及研究都可以证明这一点。

若要健康，就要努力让自己保持幸福的状态。因此，你可以用“感兴趣”来作为每天抉择事情时的判断标准，这是个有效的方法。

用“是否感兴趣”来当你每天抉择事情时的判断标准，还有一个优点，就是比较能激发你的干劲。

之前我曾提到，人在感到“有趣”时，会刺激脑内的回馈机制。如此一来，就会分泌多巴胺这个脑内神经传导物质。多巴胺也是“干劲”的来源物质。

换句话说，当你要做出抉择行动时，与其用是否正确来决定，倒不如用是否有趣来判断，比较能激起干劲。

而且多巴胺具有上瘾的特性，当你起步顺利时，就会产生“好想再做”、“再来试试看”的心情。

到底是根据“是否正确”还是“是否有趣”来决定，哪一种的结果会比较好？不用说也知道。

当然，日常生活中，有些事必须先考量是否正确比较重要。但随着年龄的增长，人容易忘记“是否感兴趣”这个重要的环节。

大阪大学医学部的大平哲也准教授的论文中曾提到，孩子一天平均笑三百次，大人笑十七次，七十岁以上的人只笑两次。

今天的你，笑了几次呢？

为了增加笑的次数，当你在做抉择时，以“是否感兴趣”来做判断标准是很重要的。

我依然喜欢不完美的自己

当我们带给别人困扰，或不小心伤害别人时，往往容易陷入低落情绪，觉得自己很糟糕。这时，我会对自己说："没关系，没关系，我也喜欢那样的自己。"

其实，这是我的一位担任精神科医生的朋友在治疗病患时会用的方法之一。他察觉到来求医的病患往往不太珍惜自己，为了让病患喜欢上自己，他要病患试着对自己说："我喜欢自己。"

听说原本有些病患有些抗拒对自己说"喜欢"，但花了一段时间，不断地重复此行为后，病患们渐渐地也能珍惜自己。

之前我曾提到，好运的人会珍惜自己。

所谓珍惜自己，就是会考量到自己。例如会注意自己的穿着打扮，为了健康注重饮食，会打理身边的事情。最大的原则就是爱自己。讨厌自己的人，是没办法爱惜自己的。要对自己好，最重要的就是要先喜欢上自己。

因此，你要时常对自己说："我喜欢自己哟！"

这时，你要宽以待己，完全站在自己这边。

即便犯了相当明显的错误，你也要对自己说"即使如此，我仍旧喜欢自己"，完全地接纳自己。

举例来说，前几天我和朋友约好，但我却迟到了。对方传来"十一点在新宿见"的简讯给我，我却看成"一点在新宿见"，结果让朋友苦等了两个小时。

很明显地，我犯了大错，但我照样对自己说："啊，我怎么这样呢？不过我还是很喜欢自己！"

当然，我诚挚地跟朋友道歉，也好好反省自己的疏失，往后会更加注意约定的讯息。

但另一方面，我也会宽宏大量地原谅自己。虽然我会反省，但是我会提醒自己不能陷入低潮，不要讨厌自己，让自己无论在何处都能放开心胸，而且会在内心告诉自己："我依然喜欢那样的自己！"

特别是对没什么自信、感到莫名痛苦的人来说，这是一个很好的方法。

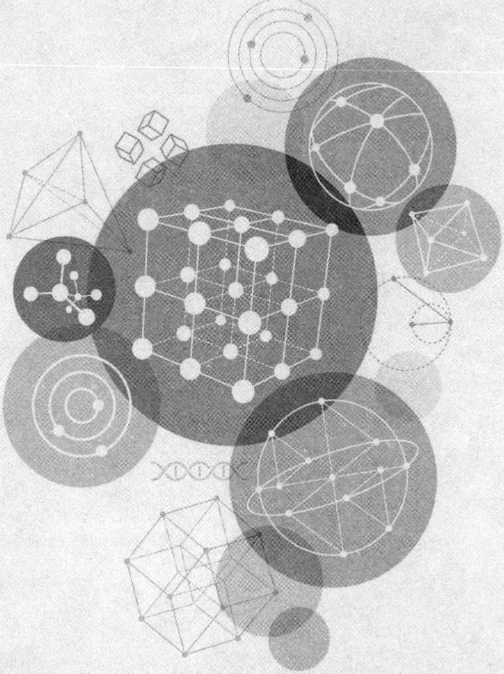

第二章

相信自己运气好

深信自己的运气很好

你要相信自己就是个幸运的人，这是让自己运气变好的诀窍之一。即便至今为止，你都不曾有过任何幸运的事也无所谓，只要告诉自己“我运气真好”就好。

你是否认为女性比男性更容易看出伴侣出轨呢？

我曾读过一篇与直觉相关的调查报告，这是在女性比男性的直觉准确的基础下进行的调查。实际上，对于是否觉得自己第六感很准的问题，回答自己第六感很准的女性的确比较多。然而，真的测验能否一眼就看出端倪时，男性却以 1% 的极小差异赢过女性。

因此我们可以得知，自认第六感很准的人，几乎没有什么根据。

那么，运气的好坏是否也是一样呢？这世上有人认为自己运气好，有人则认为自己运气差，但自认运气好的人，应该很少有明确的根据。

换句话说，一个人相信将来自己运气会很好，也并不需要特别的依据。即使没有任何根据，但是你只要深信自己运气好，实际上运气就会变得更好。

为什么我敢这么说呢？

举个例子，假设今天在工作上没有顺利签到合约。自认运气好的人会想："我明明运气很好，怎会没签到约呢？肯定是我在准备时就有疏失，或是学习得还不够彻底。"另一方面，自认自己运气差的人就会认为："我都这么努力了，一定是因为我运气不好，所以才没签到约。"

自认运气好的人，会有努力的空间；而自认运气差的人，则没有任何努力的空间。

自认运气好的人，会因为更努力而提高顺利签约的可能性；自认运气差的人，则没有此可能性。

若是发生在夫妻关系上时，又会变得如何？

自认运气好的人觉得："因为我运气好，才可以跟这个人在一起！"即使两个人吵架了，也会认为"自己可能有哪里做得不够好”。但自认运气差的人则会想：“我都这么努力了，为什么对方就是不了解我？跟这种人在一起，真是太倒霉了。”

自认运气好的人，与伴侣间的关系会愈来愈好；自认运气差的人则相反，而且关系有可能变得相敬如“冰”。

其实运气好或坏的人遭遇到的事大同小异，只是对事物的看法及思考方式不同，处理方式也不同。长年累积下来，自然而然结果就会有差异。所以结论就是，即使没有任何根据，但你还是要相信“我运气真好”！

总是对自己充满信心

除了要深信自己运气好之外，还要对自己有信心。

当你接收到一个新课题、新挑战，或参加运动比赛时，你要对自己有信心。如此一来，就会对结果产生好的影响。

例如在公司，你被交待负责一个高难度而且相当重要的企划案。这种时候，你的脑中就要浮现出对自己的信心。

例如上次的企划案顺利完成，这次也一定没有问题。会被交待困难的企划案，就代表自己平常的努力及成果受到肯定。

之前曾经通过难度高的“考试”，这次也一定能顺利合格。或是告诉自己：我一定做得到，没有什么可以难倒我。

只要对自己有信心，就可以提高企划案的成功率。

英国有一个“心像旋转作业”的实验，可以证明此说法。

所谓心像旋转作业，就是给你一个图形（分成平面及立体图），再从五至六个类似的图形中选出相同的形状。因为图形会旋转，要一眼找出相同的图形是相当困难的。为了找出原本的图形，脑袋里必须先想象那个图形旋转的样子。

一般来说，这个心像旋转的实验，男性比女性能更快找到正确答案。

在这个实验中，请了美国的大学生协助测试，并且在测试前请他们做一个简单的问卷调查。其实，这个问卷调查才是这个实验的重点。

问卷调查中若询问性别问题时，女大学生的正确率只有男大学生的64%。在另一份问卷中，询问就读何所大学时，女大学生的正确率则是男大学生的86%。

受测试的学生大多是名校高才生。在问卷调查中回答自己所念的大学，可以令受测试的学生涌现一种“我是名校高才生”的优越感，对成绩产生良好的影响。

就像这样，对自己有信心，将会直接反映在表现上。

因此，当你在做任何事情或挑战任何事物时，要尽可能努力排除自卑感，尽量对自己有信心。“有自信”搭配“深信自己运气好”的想法，会形成一个良好的循环。

当你深信自己运气好，又对自己有信心时，面对新挑战或课题都能迎刃而解。当你真的成功时，你会自然而然地认为“我的运气真好”，由于提高了自信心，因此能更轻松地面对下个挑战。

此外，假设下次挑战失败，深信自己运气好的人多半会好好反省——通过反省能让自己更加努力。如果挑战成功了，就可以回到良好的循环中。

大声说出“我真好运”

对于一直都感觉自己衰运罩顶的人来说，要他们深信自己运气好，或许是件困难的事。

因此，你要开始练习想“我的运气真好”。

自认运气不好的人，首先应该想想：自己能诞生到这世界上是多么不可思议的事。

精子与卵子相遇，才会有生命的诞生。一次射精大约包含一至四亿个精子。射精之后，精子会进入卵子所等待的子宫输卵管蛋白分泌部，只有数十个至数百个精子能到达这里，而且其中大概只有一个可以受精。纵然顺利地受精了，但受精卵能确切在子宫内着床的几率大约是 75%。即使受精卵着床了，却只有几成机会能够成功地怀孕。就算真的怀孕了，可能流产的概率占全部怀孕人数的15%。

就像这样，我们的生命，是从大量的精子中的唯一一个精子与卵子顺利结合开始，经过无数的幸运之后，才诞生在这个世界上。

想到这里，难道你不会觉得自己能来到这世界是一个奇迹吗？

而且，这个奇迹不是只发生在自己身上。赐予自己生命的双亲，还有双亲上面的四位祖父母和外祖父母、再上去的曾祖父母和外曾祖父母，也都是因此奇迹才诞生在这个世界上——当然，曾祖父母也因为有双亲的关系，才能延续命脉——光是这个数字就相当不可思议。倘若这里头欠缺任何一个奇迹，就不会有现在的自己。你不觉得自己就是个好运的人吗？

另外，人家常说要拥有好运气，就要经常开口说出“我真好运”、“真是幸运”。对于这点，我也非常赞同，练习想象自己是个好运的人时，最好开口说出“我真好运”。

为什么这么说呢？人类在记忆事情时，靠的是大脑深处名叫“海马回”的部位。人的记忆会通过视觉、听觉、嗅觉等感觉器官将资讯传达至海马回，由海马回来整合，判断短期应记忆的事、长期应记忆的事，以及不须记忆的事。在传达这个资讯时，运作的感觉器官愈多，愈能加强记忆，更容易长时间保留下来。

因此，与其在心中暗自希望运气变好，倒不如开口实际说出来，负责长时间记忆的脑部细胞才会受到刺激，脑部才比较容易记住“自己运气好”。

同时，你也可以在房间各处贴上写有“好运气”、“LUCKY”、“真走运”等字眼的纸，增加视觉记忆，这也是个有效的方法。

起码要持续这个方法三个星期，因为人类的脑部要形成一个新的回路，起码需要花费三个星期。

积极接近好运的人

除了在心里想自己真幸运之外，总是待在好运的人身边也是一个不错的方法。

以科学的角度来看，人的运气好坏除了天生注定之外，也会依个人的行为模式而有所改变。

待在好运的人身边，你就会做出类似的行为模式，因此具有“招来好运”的效果。

人容易受到周围的人影响。举个例子，常听到人家说“娶老婆先看丈母娘”，也就是在决定一个女子是否适合当终身伴侣时，可以先观察她的母亲。可能是因为遗传的关系，母女会有相似之处；另一个原因就是女儿长时间和母亲相处，所以会受到极大的影响，无论是思考模式或价值观，甚至连走路习惯都与母亲相似。因此只要观察母亲，就可以判断女儿是否适合自己。

为什么人总是会与周围的人行为相似呢?

根据研究，这跟大脑里一种被称作“镜像神经元”的神经细胞有着极大的关系。

所谓“镜像神经元”，是20世纪90年代意大利科学家贾科莫·里佐拉蒂等人所组成的研究团队在以猴子为对象的实验中发现的。

镜像神经元是一种在运动时开始运作的脑内细胞，其特色为不只是自己运动，就连看到其他人运动，也会出现相同反应。例如，除了自己手拿东西时会开始运作之外，看到别人拿东西时也有同样的效果。当看到别人的动作时，就像是在镜中看到自己在动作一样，因此称作镜像神经元。

镜像神经元令科学家特别感兴趣的一点，就是这个细胞会去了解他人的行动意图及目的，进而产生不同反应。

举例来说，让猴子观看人类拿苹果的动作，当人类将苹果放在容器中与放到嘴巴里的时候，猴子的镜像神经元对于后者有较强烈的反应。

换句话说，镜像神经元会试图理解他人的行为及意图，并依其目的及意图来改变反应。

例如看到家人或朋友等人露出烦躁的态度时，就算不知道为了何事而烦躁，但你就是感受得到“对方正感到烦闷”。当然你可以依对方的举止来判断是“有好事发生”，或是“对方好像在打鬼主意”。这有助于我们理解他人的心情。我们能够明白他人的喜怒哀乐，产生共鸣，就是因为脑里有镜像神经元的关系。

积极地接近好运的人是一件很好的事。

尽可能跟运气好的人在一起，可以仔细观察对方的行为。如此一来，就会感觉自己好像跟好运的人做着相同的事情，镜像神经元就会开始运作。不久之后，你会学习所观察到的行为及态度，并做出同样的行为模式，思考方式及价值观也会变得相似。

如果能做到这样，你就会自然而然觉得“自己也是个好运的人”。

就算是错觉也没有关系。因为要提升好运，你就要从深信自己运气好开始。

规律的生活，促进幸福感的产生

成功的人大多属于“晨型人”。这种人每天早上四点起床，好好运用家人醒来前的三小时。他们晚上十点就寝，早上最晚五点起床，六点出门上班，在九点正式上班之前，已完成了一部分的工作，一天的循环如此顺利。

我从没有听过有人忙到深夜、早上总是睡到快迟到的前一刻才起床、匆匆忙忙跑去上班，还能获得成功的案例。

其实以脑科学的角度来看，这是无须置疑的事。

我们的身体里，光是已经确认的神经传导物质就有二十五种，其中包含可以带来安心感及稳定感的物质，血清素就是其中之一。血清素可以调整心情的平衡，带来安心感，所以又被称作“幸福激素”，是好运之人不可或缺的物质。

如果过着不规律的生活，就不容易产生血清素。所以才会说早睡早起，过着规律的生活是相当重要的事。

一到晚上，我们的身体就会自然地想睡，一到早晨自然就会醒过来。早上的体温会维持在低温状态，到了傍晚体温会上升，到了隔天的早晨又会再次降低。就像这样，人体内有一个以 24 小时为周期的生理时钟。人类的生理时钟已被设定为白天是工作时间，晚上则是睡眠时间。

生理时钟的特色，除了睡觉和清醒的变化、体温的变化之外，还有“褪黑激素”这类物质的分泌量周期的变化。

褪黑激素是个重要的荷尔蒙，为了创造优质的睡眠品质，这个物质会分解体内的活性氧类，加强抵抗病毒的功能，保护身体并防止老化。褪黑激素由脑部的松果体利用血清素所制造，换句话说，血清素没有充足分泌，褪黑激素也会逐渐减少。血清素则是因早上的自然光线刺激网膜而分泌。血清素开始分泌后起算十五个小时，就会开始分泌褪黑激素。

为了充分分泌血清素及褪黑激素，我们必须遵照生理时钟的配置而生活。换句话说，就是早上要早起，充分地晒太阳，夜晚要早点就寝。这是十分重要的。

血清素，是从名为色氨酸的必需氨基酸中产生的。这种必需氨基酸没有办法从体内合成，只能从食物中摄取。因此要多补充含有色氨酸的食物，才能制造血清素。

维生素 B_6 是合成血清素的重要来源之一，因此饮食中搭配含有维生素 B_6 的食物（辣椒、芝麻等）会有理想效果。

此外，洗澡的时候能够放松心情，也会分泌血清素。

而且为了分泌血清素，必须做适度的运动。

换句话说，早睡早起，做适度的运动，慢慢地享受洗澡的时光，这种正常规律的生活可以促进分泌血清素。

如果你觉得最近运气不太好，或许可以从改变生活步骤开始来慢慢改变运气。

栽培他人，就是栽培自己

你身边是否有让你觉得比自己弱小、想要疼爱的人呢？除了自己的儿孙外，例如公司的部属或晚辈，打工的地方的新进人员等也可以。

如果有这样的人，你要投入大量的爱来栽培这个人。因为这样除了能提升你的能力，还可以为你带来好运。

美国维吉尼亚州瑞查蒙德大学的神经科学者凯利・蓝柏和兰道夫麦肯学院的雷格・金斯利曾发表过一项研究成果：有生育经验的母鼠与未交配的母鼠相比，记忆与学习能力较高。

这两位学者将雌鼠分成两组，一组是有过两次生育、养育过小老鼠并使其顺利长大的雌鼠，另一组则是相同年龄、还未交配过的雌鼠，然后将这两组雌鼠放进迷宫中，并在迷宫中藏入食物，让雌鼠寻找。

实验结果显示，当过妈妈的雌鼠能在较短的时间内，记住哪里藏着食物。

此外，这两位学者也在狨猴身上做同样的实验，结果仍是当过母亲的狨猴表现较优异。

换句话说，有付出爱心照顾孩子经验的雌鼠及狨猴，比起没有当过妈妈的雌鼠及狨猴，记忆及学习的能力都较高。

光是以这个实验结果来看，或许你会认为要提升记忆及学习能力，重点就是必须实际养育自己的孩子，但事实并非如此。凯利·蓝柏和雷格·金斯利还进行了另一项实验，他们将当过妈妈的雌鼠、未交配过的雌鼠和养育过并非自己的小老鼠的雌鼠分别放进藏着食物的迷宫中，而且每次放食物的地方都相同，再让它们记住回去的路。

养育过并非自己的小老鼠的雌鼠虽未曾交配，但曾经与小老鼠长时间关在同一个笼子里，习惯了小老鼠（里头有些雌鼠会做出舔小老鼠、帮忙整理毛等像母亲所做的行为）。

在这个实验中，仍旧是当过妈妈的雌鼠最快记住回来的路，而第二名则是养育过并非自己的小老鼠的雌鼠，两组的成绩只相差一点点。

此外，他们也进行了另一个实验，就是让当过爸爸的狨猴和单身的雄狨猴记住藏着麦片的地方。顺带一提，雌狨猴生下双胞胎的几率高，雄狨猴也会一起带孩子。在这个实验中，我们发现当过爸爸的狨猴对于记住食物放置处的能力较好。

换句话说，是否曾真正生育过，与记忆及学习的能力并没有关联，即便是养育过并非自己小孩的雌性动物或雄性动物，只要带着满腹的爱来养育“孩子”，也可以提升记忆和学习的能力。

那么，老鼠和狨猴的脑部，到底是起了什么变化?

其变化就在于催产素荷尔蒙。催产素能促使生产时发生阵痛，分娩后也会促进分泌乳汁。此外，还能让感情及行为变得沉稳，加强彼此的信赖关系，容易产生夫妻或亲子之间的牵绊，也因此被称为“爱的荷尔蒙”。

日本冈山大学富泽一仁助教授的研究团队曾进行一项实验，在不曾受孕过的老鼠的脑中注射催产素，并将它放进藏着食物的迷宫中。这个迷宫中有八条路，其中的四条路藏着食物。

实验结果表明，注射较多量催产素的老鼠，对于记住有食物的路的能力较高。

此外，在已受孕过的老鼠的脑中注射抑制分泌催产素的药剂后，一样放进相同的迷宫中，结果发现这只老鼠的记忆力明显下降。

我们在这个实验中得知，催产素有助于提高记忆及学习的能力。

虽然女性的身体比较容易分泌催产素荷尔蒙，但是男性也同样会分泌。将雄猕猴单独放在笼子中，跟将雄猕猴与小猕猴放在一起进行对照实验，可以发现，与小猕猴放在一起的雄猕猴，分泌的催产素比较多。

通过这些实验，我们知道只要是真心付出、照顾他人，即使照顾的不是自己的亲生孩子，也会分泌催产素，而这催产素有助于提升记忆及学习的能力。

以人类的角度来看，不见得一定要是孩子，只要为栽培部属或晚辈真心付出，一样会分泌催产素。

有一个跟日本著名服饰店优衣库有关的实例可以证明此说法。

优衣库以雇用身心障碍者的比率高而有名。虽然一般身心障碍者的法定雇用率为 1.8%（2013 年之后提升为 2%），但这几年优衣库的身心障碍者雇用率大约 8% 左右。优衣库积极地雇用身心障碍者据说是在 2001 年的 3 月份，隔年的雇用率就达到 6%。

一般人都认为优衣库的员工跟身心障碍者一起工作后，“服务品质”有了显著的提升。

创立者柳井正在某次采访中曾说过：“我在想是否能通过雇用身心障碍者，让各分店的店员增加同理心，愿意和他人一起工作。”提升服务品质的店铺，有可能是因为店长率先真心栽培那些身心障碍的职员。因为镜像神经元运作的关系，才会对其他的职员产生影响。分店整体人员的催产素分泌量都提升了，服务品质也跟着提升了。

经常听有小孩的母亲说：“因为养育小孩的关系，自己也有所成长。”这句话其实没有错，当你在栽培某人时，同时也是在栽培你自己。

而且，那个人就算不是你的亲生孩子也没关系，无论是别人的孩子，还是部属或晚辈，只要你真心付出，也能共同成长。

提升自己的抗压性

愈是困难，就愈要挑战——这也是改变运气的方法之一。

成功的人，大多有着辛苦的过去。

例如被称为“发明王”的爱迪生，在小学时，老师曾对他说“你脑子坏掉了”，随后遭到学校劝退。此外，工作上也曾因“太没有生产效率”的理由，而两度遭到解雇。

创立狭义相对论的爱因斯坦，四岁之前都不会说话，到了小学高年级还无法流畅地说话。此外，高中时曾退学，大学考试也失败。

知名企业创业家大多有着不为人知的艰辛过去。俗话说“逆境是磨炼人的最高学府”，他们正因为这些逆境，才有今日的成就。

人类的脑部受到一定的压力时，就会制造“突触”。人体会试图维持在安逸、安心的状态，当有病毒侵入身体时，为了对抗病毒，免疫细胞就会开始运作。相同地，因为感受到一定的压力，脑部细胞会比平安无事时更快运作。

“叶杜二氏法则”可以证明此说法。心理学家叶克斯与杜德逊拿小白鼠来做实验，最终归纳出一个结论：为了达到学习成果的最高峰，必须要有适当的压力，压力过高或过低都会降低学习成果。

这个实验是：事先将小白鼠训练成懂得区分白色及黑色，只要小白鼠判断错误，就会以电击方式处罚小白鼠。实验中，以适当的电击处罚小白鼠时，回答的正确率会上升，电击量太小或太大时，正确率就会降低。根据这个实验，我们知道抗压程度与学习效率有着倒 U 形曲线的关系。

换句话说，一个人在适度的压力下，会比在安逸、无忧无虑时，更能发挥潜力。

例如交代工作时，如果说“明天九点之前完成”会比“等你有空时再做即可”更容易使人集中注意力。交待责任过大的工作，有可能让对方承受不了压力，但是交待适当责任的工作时，对方反而会产生干劲。

然而，所谓适度的压力，标准因人而异，所以最重要的事就是先了解自己的抗压程度。在感受到过大的压力时，就算仍旧勉强自己努力，也不会提升成效，而且在勉强的情况下过于努力，还有可能引发忧郁症等情绪混乱的情形。

所以你要试着了解什么才是“好像有点难，只要努力一下或许就可以解决”的最佳状况。

此外，抗压程度也有可能慢慢提升。

举例来说，今天你要求自己集中精神念两小时的书，明天可以变成两小时又五分，后天再试着两小时又十分。当你在第三天觉得“两小时又十分已经是极限”时，第四天你就继续维持两小时又十分。过几天之后，当你觉得两小时又十分已经不是困难的事时，接着就可以挑战两小时又十五分。虽然有些花时间，但只要你有毅力持续下去，就能够慢慢提升你的抗压程度。

在掌握自己的抗压程度后，当你在面对工作或念书等所有事情时，你应该勇敢面对较困难的事。艰难的状况能够活化脑细胞，达成意想不到的成果，而且还可以让你的运气愈来愈好。

选择艰难的路，大脑会产生快乐感

人生可说是一连串的选择。某个时候做了什么抉择，因为这个抉择让一个人的人生起了重大变化，也会影响运气的好坏。

那么，当你在犹豫要怎么做抉择时，该怎么办呢？我认为刻意选择艰难的道路会是一个好方法。因为当你选择较困难的道路时，脑部会产生快乐的感觉。

有一个关于鸽子的实验可以证明此说法。

这个实验是将两只鸽子各放进 A 笼和 B 笼中，两个笼子中都设置一个饲料的开关，当鸽子用嘴巴压下开关时，饲料就会掉出来。A 笼只要压下开关，掉出饲料的几率为百分之百。B 笼则是压下开关时，偶尔会出现没有饲料的情况。

这种状况下，鸽子会有什么样的反应呢？A 笼中的鸽子只有在肚子饿时才会压下开关。而 B 笼中的鸽子，不论是否空腹都会不断地压下开关。特别是压下开关，掉出饲料的几率只有 50%，也就是压下两次只会出来一次时，这只鸽子会持续地压下开关。换句话说，B 笼中的鸽子已经对于压开关一事欲罢不能。

在猴子身上，同样做了这个实验。在一只猴子的面前放着 A 和 B 两桶果汁，只要按下 A 桶的按钮，就会流出 150ml 的果汁。而按下 B 桶的按钮时，则会流出 100ml 或 200ml 的果汁。猴子并不能控制流出的果汁是 100ml 或 200ml。

这种情况下，猴子有持续按下 B 桶按钮的倾向。虽然 B 桶有时只流出 100ml，但有时也会流出比 A 桶多的 200ml 果汁。虽然有风险，但只要运气好，便可以获得更多。

从这个实验得知，猴子会选择像这种有较高赌注性质的选项。

人类也一样有此特性。

例如身边有两个中意的对象，对于 A 和 B 的喜欢程度差不多，两个人都不错。当邀约 A 一起共餐或喝茶，A 总是不曾拒绝，每次相处的时光都觉得开心。而当邀约 B 时，成功的几率大概只有一半，不过相处的时光却让人感到特别的快乐。

这种情形下，很多人最后都会选择 B。

你是否也有同感呢？对于较没办法掌控的人，更容易引起兴趣。当邀约遭到拒绝时，就会开始揣测对方为什么会拒绝我、是否已经有交往的对象了。不过，你会告诉自己“或许下次再邀约仍旧会遭到拒绝，但就是想再试试看”。

换句话说，人类就和鸽子或猴子一样，比起“百分之百的稳定感”，更喜欢带点风险、较有赌博性质的选项。**这是因为我们的脑部比较喜欢有风险的事，胜过毫无刺激性的事情，也就是将心理学上的“强化学习”运用在自己身上。选择较有风险的事情时，有助于活化脑部的回馈机制。**

因此，当你下次又在烦恼不知该如何抉择时，不妨试着选择比较艰难的道路。与其选择安心、稳定的路，倒不如走冒险犯难的路。如此一来，可以让你更加投入，脑部感到开心，也可以提升好运的几率。

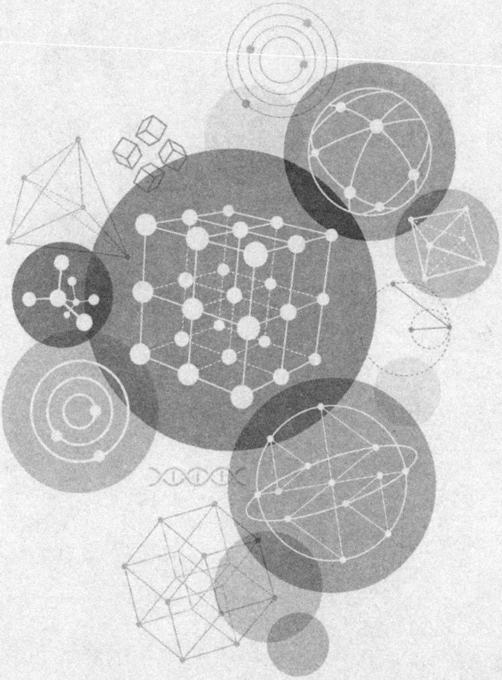

第三章

与他人互助互惠

多为他人着想，有利长久生存

当你下班时坐上人潮拥挤的公交车，你所站的位置前方刚好有一个空位，在坐下去之前，你是否会环顾四周，看有没有老弱妇孺？

或者是下雨天走在狭窄的道路上，与他人擦身而过时，你是否会注意不要让雨伞撞到他人，或是把伞倾向一边，以免雨滴滴落弄湿他人？

在工作上发生状况时，你是否会思考“我有没有做错什么”或“我有没有什么事可以做得更好”，而不是坚持“我已经尽全力了”。

我希望我们自己能像这样对待别人。

简单来说，就是处处为他人着想，而不是只站在自己的角度思考。我希望在任何时刻，面对任何事，就算是生活上的细节，也能站在他人的立场思考。

其实，若能做到为他人着想，就可说是个好运的人。

生物的历史，让我了解到此道理。

尼安德塔人被视为现在的人类（智人）的亚种之一。距今约二十万年至三万年前，尼安德塔人一直住在欧洲及中东。为什么尼安德塔人会灭种呢？据说是因为遭受到人类演化中的另一派克罗马侬人的攻击。

尼安德塔人男性的脑部平均容积为1500cc，而我们现在的人类为1400cc，相比之下，尼安德塔人的脑容量较大。科学家通过这点判断，现在的人类脑容量较小，却可以生存至今，是因为比尼安德塔人更具有攻击性。

然而，最近观点渐渐有所改变。

以脑部整体的大小来说，虽然尼安德塔人比现在的人类大，但脑中的额叶部分，却是现在的人类比较大。

额叶负责掌管人的语言、运动、精神活动，额叶里还有一个称为“脑前额叶皮质”的重要部位，专门掌管思考及创造。脑前额叶皮质会让人具备分析未来的能力，依此订立计划，创造利于他人的概念，以及社会观念等符合人类思考的事物。

也就是说，现在的人类可以长久地持续生存，是因为人类比尼安德塔人更有社会观念。此种看法比较具有说服力。

一个共同体包含了弱女子及小孩，比一个男人独立生存下来更为困难。一个男人只要自己够强壮，逃过敌人的攻击，又确保有足够的粮食，他便可以生存下去。但若要延续种族，就必须保护弱女子及小孩。为了让整个共同体生存下来，大家就必须要有社会观念，互相协助才能延续生命。

尼安德塔人因为没有社会观念，所以在进化的游戏中惨败。

公司或个人店面也是一样，能够继续生存也是一种好运。

从尼安德塔人和现在人类的脑部差异，我们明白：生存下来的诀窍，就是要为他人着想。不要只站在自己的角度思考，而是以互助互惠为目标，拥有大家协力生存下去的社会观念。

不求独赢

前一篇说过，为了生存下去，就必须有为他人着想的社会观念。然而，光是为他人着想，并不能存活。

举例来说，一个企业以利于社会为大前提经营，不顾公司自身的利益，凡事都以社会为中心营运，那么它总有一天一定会倒闭。

自己什么都不吃，只是持续提供食物给别人，总有一天一定会病倒。换句话说，要生存下去，自己必须先获胜，而且要持续获胜。那么要怎么做，才能一直为他人着想，又能不断获胜呢？秘诀就在于“不要赢太多”。

有个专有名词叫“过度适应”。为了生存，你势必要适应环境。不过，在过度适应之下，反而会导致引发绝种的危机。

有人说“只要更好，不要最好”，指的是“如果使用最好的战略，只能获得一时的胜利，以长期来看，遭到消灭的可能性反而较高。因此应该采取的是更好的战略”。

例如，以非洲的黑犀来说，这种动物的个体能力可说是最强的，不仅凶猛、具有攻击性，而且有着巨大的体型，移动速度快，是十分具有战斗力及竞争力的动物。

不过，像黑犀这种所向无敌的动物，一旦环境产生激烈改变，却会第一个灭绝。

黑犀因为个体的战斗能力强，长大之后几乎不会因生存竞争而丧失性命。这种条件下，最好的生存战略就是雌黑犀生下少数的黑犀宝宝，照顾好它们，并将它们养育成强壮的黑犀。

或许有人认为应该多生些黑犀宝宝才较有优势。然而，雌黑犀若是生下一堆黑犀宝宝，在产后承受了大量负担，就容易变成敌人攻击的对象。

而且，雌黑犀特地花了体力及时间所生下的宝宝，也有可能因为无法看顾周全，在还未长大之前，成为狮子或鬣狗的攻击对象，增加丧命的风险性。

也就是说，在弱肉强食的非洲，雌黑犀是采取养育少数宝宝的战略才能生存下来。但这却成为害处。

或许因为黑犀的个体能力强大，所以不会成群结队。此外，生的黑犀宝宝也不多。这看起来似乎是最好的战略，但其实已经身陷过度适应的危险状态。

“人类的出现”造成激烈的环境变化，导致黑犀面临绝种。

对于黑犀来说，人类的出现就像是天灾一般，简直就是惊天动地的大事。为什么这么说呢？如果出现天敌，或许只要花点时间去适应即可，但人类并没有给予黑犀足够的时间去学习适应。人类迅速破坏黑犀生存的环境，速度快到黑犀无法以原本拥有的自然适应力来顺应，就像是一颗巨大的陨石突然掉落在地球上。如此一来，过度适应环境的黑犀，便无法承受环境激烈的变化，而在短时间内面临绝种的问题。

你应该忍耐新的环境并生存下去，但不需要过度适应环境，而是适度地适应环境，留一点伸缩的空间给自己。

换句话说，过度适应环境，以某种条件占了优势，一旦条件产生变化后，便会因无法承受变化而发生危机。

相同的道理也可用在人类社会。在某个时代独占优势，爬到了顶端的国家或企业很多会遭到毁灭。因为过于占优势，便无法持续赢下去。

因此应选择不过于占先，不独占优势的道路，不只是自己能生存，也让周围的人能存活下去。并非自己生存下去，不在乎别人的生死，而是寻找与他人共同生存的方法。如此一来，便可以长久延续生命。

采取高雅的行动

随时提醒自己，日常生活中的行为举止都要优雅——这在关键时刻，特别派得上用场。举例来说，你会安静地开门、关门。在店里支付费用时，会轻轻地递钱给店员。就算在不得已的情况下按喇叭，次数也不会太过频繁。对于亲密的人，会注意用字遣词。就像这样，对于日常生活中的琐事，你都会注意自己的举止是否优雅。

因为优雅的行为举止，大多会为你带来好的结果。博弈理论中的“以牙还牙战略”便可以证明此说法。

博弈理论是以二十世纪初的数学家冯·诺依曼及经济学家摩根斯坦的概念为基础所建立的理论。所谓的博弈理论，就是以数学理论来分析，在价格竞争或交涉时，复数的当事者（拥有决定权者）参加的状况下，各个当事者为了自身的利益及目标，有可能采取何种行动，或是应该采取什么行动。

现在，在决定政策或商场上，会经常运用此理论引导出最好的选择方案。

例如负责购买商品的A公司和负责交货的B公司在进行价格的交涉。基本上，A公司尽可能想以低价购入，而B公司则尽可能希望以高价卖出。如果生意只做一次，那么A公司和B公司的目标就是最低价及最高价。但考量到未来的交易，此做法并非上策。以A公司和B公司的关系及状况来说，应该要顾及双方利益，设定一个合理的价格。这就是使用博弈理论的数学公式所引导出的结论。

博弈理论中，有一个称作“以牙还牙”的战略。在进行比赛时，采取“基本上会与对手并肩作战，不过对方一旦有背叛行为，就会进行报复，等到对手又回归携手同心时，自己立即再回到并肩作战”的方法，追求彼此最大的利益。

举例来说，有两个人要以猜拳来争夺分数。

但能出的只有石头和布。根据对方和自己所出的石头和布的组合，决定好获得的分数（括号内）。

【第一组】石头（2）对石头（2）

【第二组】石头（0）对布（3）

【第三组】布（3）对石头（0）

【第四组】布（1）对布（1）

这种情况下，如果目标只是单纯胜利，只要持续出布即可。不过，若以双方都能获得高分的角度来看，这并非好方法。要达到双赢，刚开始就要出石头。

游戏一开始，就要先出石头。只要对方也出石头，你就要持续出石头。然而，对方开始出布时，你下次也要出布，只要对方出布，你就要持续出布。对方如果又跳回出石头，你就跟着出石头。使用这个方法，可以获得最高的分数。

换句话说，你不需要抢先对方一步，一心求胜利，而是跟随对方的脚步。使用具有社会性的高雅战略，而非龌龊的手段，便能达到双赢的目的。

这种战略，可以经常运用在我们的日常生活上。例如拜托部属工作、向主管请假、请丈夫分担家事、希望邻居停止制造噪音时，先把自己的利益放一旁，选择使用具有社会性的优雅行动，来达到最终双赢的目的。

如果你突然听到邻居传来“吵死了！”的怒吼声，你也会摸不着头绪，情绪失控。但如果对方是用缓和的口吻说：“抱歉，我对声音比较敏感一些……”你应该会比较能够接受。

这是因为**优雅的行为举止比起蛮横无礼的态度，更能打动人心。**

祈求敌手成长

你是否有可以称为敌手的对象呢？如果有，你是否可以打从心底希望他有所成长呢？

假设这个人和你都想爬到同一个位置，或你们共同的目标就是成为运动团队的正式队员，抑或是你们喜欢上同一个人，在这种身为竞争性对手的情况下，还能打从心底期许对方成长，可能有点困难，或许“希望彻底打败对方”才是真心话吧！

然而我希望你能将这个真心话丢到一旁，打从心底期许对方有所成长。因为这与你自身的成长有所关联。

我们的脑部原本就喜欢共同生存。

人类在距今好几万年前出现，长久以来都与其他的动植物一同生存。

的确，若以最近数百年的时间来看，有很多动植物因为人类破坏生态环境，对它们的生存环境造成威胁，甚至面临绝种的危机。但以长久的人类历史来看，人类几乎是与其他动植物和平共享生存环境。反过来说，人类正因与其他动植物共同生存，所以才能存活下来。

此外，美国的精神医学家保罗·麦克连曾提出“人脑三分论”，这个理论主张人类的脑会伴随着行为举止的变化而发生进化现象，他将脑部区分成下列三部分：

【爬虫类脑】由脑干、丘脑的一部分、纹状体等所组成。负责维持生命的基本功能，例如呼吸、心跳、体温调节、反射动作、情感信息的处理等。

【原始哺乳类脑】由杏仁核、下视丘、海马回等大脑边缘系统所组成。负责记忆、学习、恐惧、不安、快乐、逃避危险的反应等。

【新哺乳类脑】大脑新皮质的部分。负责思考、语言、适应性、计划性等。

保罗·麦克连提出一个假设：人类的脑是依照顺序从爬虫类脑→原始哺乳类脑→新哺乳类脑演化而来。

简单来说，原本爬虫类脑是为了个体生存的脑，原始哺乳类脑则是从维持个体生命进化至为了保护种族的脑，而新哺乳类脑则是最符合人类的脑，是为了顺利维持社会关系，也就是倾向共同生存的脑。

人类的脑可说是从守护自己性命的脑，进化成与外界共同生存的脑。换句话说，与其设法将别人踩在脚下，倒不如设定一个与他人共同生存的目标，更能够让脑部发挥潜能。

因此，才要祈祷敌手能够成长。

如果敌手跟你是同一个运动的竞赛对象，你应该希望对方能够表现出最好的一面，而自己也能发挥最大的潜力。

倘若你们的目标是同一间大学或公司，你应该与他并肩作战，祈祷能够双双合格。

假设你们喜欢上同一个人，要你毫不在意地祈祷对方成功追到心仪的对象，或许有些困难。这时，你要试着改变自己看事情的角度，期许喜欢的人、敌手和自己都能够得到最好的结果。与其希望自己幸福，倒不如期许三个人都幸福，这样脑部比较能够发挥潜力。

做出利他行为

为了他人而活，把自己的利益放一边，采取利他行为，你能做到什么样的程度呢？你能做到的程度，可以决定运气的好坏。

因为采取利他行为，对人的大脑会有许多好处，其中之一就是刺激脑部的回馈机制。

当你为了别人付出时，会听到“好厉害哦”、“怎么会有这么棒的人”等称赞及好的评语，而人的大脑一旦听到称赞或是他人对于自己的好评价时，会像获得金钱一样开心。

有关这一点，日本自然科学研究机构生理学研究所的定藤规弘教授等人所组成的研究团队，证明了此说法。

这个研究团队以平均年龄二十一岁的男女，共十九人为对象，使用特殊的磁共振成像装置来观察当他们在玩卡片游戏获胜拿到奖金，以及在听到小型影像装置中播放称赞的话语时，每种状况下脑部血液的变化。结果发现，产生快感的脑内回馈机制纹状体的一部分变得活络。也就是说，大脑将称赞的话语当成“回馈”。

有很多实验及研究都证明，一旦刺激回馈机制，就能活化自然杀手细胞，对身体产生好的影响。

此外，利他行为不见得每次都能获得他人的称赞及好的评价，很多时候往往是不为人知的。即使没有人看见你为了他人所付出的行动，但你自己却看得一清二楚。

人的脑里有一个部位称作“内前额皮质区”，会对自己的行为给予评价。这个部位一旦对自己产生“做得真好”、“太厉害了”等好的评价时，就算他人没有称赞自己，也能感受到极大的快乐。

我们再来试想因为做了利他行为而让对方开心的情况。当你问曾经当过志工的人：“你做志工时，感到最快乐的是什么时候？”很多人都会回答：“对方感到开心的时候。”“当对方跟我说谢谢的时候。”

之前曾提过，因为脑内的镜像神经元的运作，所以当别人高兴时，自己也会高兴。

也就是说，做了利他行为，不仅自己会得到好的评价，对方也会感到高兴，脑部就会感到加倍开心。

此外，日本京都大学的藤井聪教授也在著作中阐述“会关心别人的人，运气都很好”这个论点。

藤井教授针对“内心是以什么为关心的焦点”来将人分类，进行一项心理学研究。结果推测出一个结论，就是“关心的范围越广，越有好运气”。这里所指的关心范围，就是以现在的自己为原点，将人际关系及时间当成轴线。

人际关系可分为社会性、心理性距离近或远的人。举例来说，家人可说是距离最近的人，接着是朋友、公司的同事或学校的同班同学、认识的人、陌生人……距离愈来愈远。

所谓关心范围的时间，指的是对未来将发生的事的关心。人不会只想今天的事，也会想到两三天后、明年或是更远的未来的事。此外，还会想到自己的双亲或小孩的将来，甚至还有人会认真地思考社会整体的将来。

藤井教授相当关注一个人对于人际关系和时间能够关心到多广泛的程度，是否会决定这个人的运气好坏。

只会想到自己、只在意眼前得失的人，就是关心范围狭隘的人。另一方面，一个不会光是想到自己，还会关心到家人、朋友、他人或是社会整体将来的人，就是关心范围宽广的人。

研究结果显示，关心范围狭隘的人，虽然可以提高效率到某种程度，并取得成果，但他们只注重眼前的事，不会与身边合作的人建立关系，因此以整体来看，他们的人生无法感受到幸福，而且还会失去很多。

相反地，关心范围宽广、拥有利于他人志向的人，因为持续建立良好的人际关系，能在自己身边建立起稳固的交际圈，为自己带来好运。

不光是关心自己，也要顾虑到家人或朋友。

不光是家人或朋友，也要顾虑到公司的同事、部属及上司。

不光是公司的同事，也要顾虑到附近的人，或是经常去的超市或便利店的店员。

不光是附近的人，也要顾虑到不曾看过也不晓得名字，与自己同住在一个社区的人。

不光是自己住的社区或国家，也要顾虑到整个世界的人。同时也会关心到他们的将来。

要有好运气，这都是不可或缺的。

坦率地称赞他人

好运的人擅长称赞他人。他们不是单纯地称赞，而是会坦率地针对他人的优点夸奖。而且，当他们觉得对方“好厉害”、“真棒”时，会立即让对方知道。

例如当他觉得朋友穿的衣服很好看，会立即跟对方说：“今天的衣服很适合你！”当他认为朋友的想法很好时，会立即说：“这个点子真棒！”

可以正确地称赞他人优点的人，会受到别人的喜爱。

你是否知道一位美国女性华里丝·辛普森？她与英国国王爱德华八世交往，还因国王“不爱江山爱美人”而一举成名。

华里丝虽然想和爱德华八世结婚，但她离过婚。当时，包括英国王室、首相及大多数的国民都相当反对两人结婚。爱德华八世被迫在王位和华里丝之间做选择，结果他舍弃了王位。这件事曾经被称作“二十世纪最大的丑闻”，全世界报纸也纷纷以头条新闻报道。

那么，爱德华八世为什么宁愿舍弃王位，也要和华里丝共结连理呢？她的魅力何在？

有一个说法是她称赞别人的方式非常高明。或许是爱德华八世因为华里丝·辛普森的称赞，第一次真实感受到自己得到认同。

爱德华八世在未当上国王前，就是以第一王位继承人的身份出生在这世界上，在他继承王位之后更不用说，包括家人及周围的人，所有人都以“（将来的）国王”的礼遇来侍奉他。但国王也是个平凡人，华里丝应该是看透了这点，她爱的是爱德华八世这个人本身的特质，并不是爱上他的权力与地位。因此，她的赞美才能句句深深打动他的心。

我们对于称赞自己的人，绝对不会认为对方是坏人，反而会产生好感。

那么，为什么人一旦听到别人的夸奖，就会开始对那个人产生好感？

那是因为我们人类的大脑有一套社会性回馈机制，原本就喜欢听到他人的称赞或好的评价。

“独裁者游戏”这个实验可以证明此说法。

这个实验是以两人为一组，并决定其中一位当独裁者，接着交给独裁者一万元，告诉他：“这一万元拿去跟对方分掉，要怎么分由你一个人决定。无论对方拿到多少，都没有权利抱怨或拒绝。”

如果你是独裁者的角色，会如何分这一万元呢？

结果，大部分的人都是用五五平分的方式来分这一万元。两个人各拿五千元，或自己拿六千元，对方分得四千元；还有另一种是自己拿四千元，对方分得六千元。几乎没有人让自己占尽好处，取得大笔的金额。

因为大部分的人，都比较重视得到他人给予自己好的评价（例如“他真大方”或“他是个善良的人”）大过于多拿到一些钱，也就是宁愿选择社会性回馈机制，舍弃金钱的回馈机制。

换句话说，能够坦率地夸奖他人的人，正因为给予对方社会性的回馈，所以对方当然会对自己产生好感。

因此，我们要多多夸奖他人。心中若觉得对方“真了不起”、“好厉害”，就坦率地告诉对方。不要只在心里想，而不说出口。这是相当重要的。

包容缺点，称赞优点，效果加倍

虽然我鼓励大家要称赞他人，但若是不分青红皂白地乱夸奖，反而会引来反效果，有几点必须要多加注意。

第一点是正确地称赞。

人受到他人赞赏时会感到开心，是因为自己本身也对被称赞的事有一定程度的认同。举例来说，一个自认非常粗心的人，你却称赞他“你好细心哦”，这种赞美想必不会让他开心。相反地，还会令他觉得“你搞错了吧！”“你真的了解我吗？”

虽然他人的赞许会刺激脑部的回馈机制，让对方感到“心情好”，但若称赞过头，只会让对方觉得“虚情假意”。

第二点是称赞的内容必须有深度。

举例来说，我是东京大学毕业的，有些人一听到此事，就会立即对我说："你头脑好好哦！"说实在话，听到这种赞美，我不大会感到高兴，反而还会觉得有些不安，觉得对方是否只看到我的学历，并没有真正了解我这个人。

第三点是称赞他人时必须包容缺点。

曾有一个儿童心理学的实验，将小学生团体分成两组，并各分派一位"导师"。一组为A组，另一组为B组。两组里都各有一个很会念书的女孩，和学习能力很差的男孩。

A组的导师对于很会念书的C女孩，总是大力赞赏："怎么这么厉害？""你好棒哦！"但对于学习能力很差的D男孩，则会用责骂的方式说："这么简单的题目都不会！""真是笨！"

另一方面，B组的导师也和A组的导师一样以"这么厉害"、"你好棒"来称赞很会念书的E女孩，但对于学习能力差的F男孩，则是找出属于F男孩的优点，并加以赞美，如："虽然你数学成绩不太好，但对于昆虫的事懂得真多"、"你好有画画的天分"等。

这种情况下，虽然C女孩和E女孩都受到同样的称赞，但是E女孩会觉得比较高兴。

因为C女孩虽然受到导师的称赞，心里却胆战心惊地想着："如果我书念得不好，也一样会遭到责备。如果老师又察觉到我其他缺点，我会被骂得更严重。"

另一方面，E女孩则是想着："就算我不会念书，但导师会认同我其他长处。即使有缺点，也不会被骂得很惨。"

每个人都有优缺点，就算夸奖同一个优点，也会因缺点所得到的评价而改变高兴的程度。

例如，男友或女友称赞你"头脑真好"，但你有一个不守时的缺点。当他对你说"你虽然头脑好，但是不守时的坏习惯真的不太好，你一定要改掉这个恶习"和"若你头脑好又很守时，我也挺累的，还是维持现状就好"时，哪一种说法会让你感到比较开心呢？当然是后者吧？

要批评一个人的缺点很简单，但学会包容缺点却需要花相当大的心力。若要得到他人的欢心，更进一步与他人共同生存，包容他人缺点就相当重要了。

处理不安情绪的 4 妙方

赞美他人看似简单，但其实要做到正确地称赞他人，心里必须要容得下他人。如果满脑子都是自己，就没有办法冷静地看待他人，当然就很难察觉到他人的优点。

人活在这世界上，会抱持着各式各样的“不安”，例如担心考试是否顺利、工作是否如意、伙伴是否会背叛自己、钱是否够用、身体是否能一直保持健康状态等。

如果太过于不安，除了无法坦率地赞美他人，还容易对周围没有察觉到自己不安的人，或是对没有帮助到自己的伴侣，产生不满的情绪。

因此，我们首先要处理不安的情绪。

感到不安、心情烦乱时，可以试试下列方法。

1. 改变生活习惯，增加血清素的分泌量

要增加血清素的分泌量，秘诀就在于要过早睡早起的规律生活，适度地运动，用泡澡来解压。详细的内容，请参照前面的“规律的生活，促进幸福感的产生”这一章节。

2. 将不安当成正常的“生理现象”

女性特别在生理期前，身体会减少分泌血清素。因为有这样的情形，可以将不安也当成“生理现象之一”。

你不需要积极地思考“为什么会感到不安”、“为什么会这么担心”等问题，你只要告诉自己，生理期会腹痛或腰痛就像会感到肚子饿一样，只是一种生理现象，只不过是因为血清素的分泌量减少而已。

如果这么想，就可以避免愈想愈不安的恶性循环，能够好好地控制自己，让自己度过艰难的时刻。

3. 试着改变对于不安的看法

大多数的人都希望“尽可能去除掉不安感”，但不安可说是人活下去的必需品。正因为感到不安，人才会预先做好准备、花心思和努力。

为了不要生病，会重新审视自己的生活习惯；为了不要成为裁员的首选人物，会尽最大的努力工作；为了不怕将来先生搞外遇，就要先为自己藏点私房钱等。

血清素的分泌量减少，或许是因为脑部不希望我们的日子过得太安逸。若这么思考，你就不会认为不安是件坏事。

4. 将不安收进盒子里

虽然这么说，但有些不安的情绪是找不出原因的。这时，站在客观的角度审视自己的不安，也是一个有效的方法。感到不安时，你要自我察觉："啊，我现在正感到不安呢。"

将不安当成一样物品，把它从自己身上切分出去。

告诉自己，现在的我原来正感到不安，虽然有许多应该思考的事，不过先把这个"不安"收进盒子中。今天先休息，不安的事之后再来思考吧。

很多时候，当你充分休息后，隔天早上再打开盒子时，不安早已消失得无影无踪。

帮助他人时，反而要心存感谢

目前为止，我提到的好运的人都是与他人共同生存，不会为了自己求胜而将他人踩到脚底下。

若要幸运之神眷顾你，重要的就是有着体贴别人的心，了解他人，帮助他人，以及采取利于他人的行为。

不过，当你在帮助他人时，一定要存有“感谢”之心。或许你可能会觉得“该道谢的应该是得到帮助的人吧”，然而我认为帮忙他人时，应该要感谢对方。

人的脑里，有一个名为“内前额皮质区”的部位，会对自己的行为给予评价。

当你为了获得利益而做出欺骗他人的行为，例如踩着别人往上爬，或是搭车时假装没看到眼前的老人家时，脑海里就产生一种“罪恶感”。

相反地，当你采取行动前都会处处顾虑到伙伴，或让座给老人家时，就会产生一种“荣誉感”。

就像这样，内前额皮质区专门判断自己的行为是属于好或坏。当内前额皮质区判定为“好事”时，脑内的回馈机制就会受到刺激，产生“哇，做好事的感觉真好”、“我竟然做了如此厉害的事”的感觉。当你帮助他人时，内前额皮质区当然会判定为“好事”，心情自然就会变得很好。

此外，你也会获得受帮助者的感谢：“谢谢！”“多亏有你才得到帮助！”（社会性回馈机制）

为了他人付出时，必须花费时间及劳力，有时甚至需要付出金钱，乍看之下自己好像有所牺牲。但实际上，帮助他人时心情会变好，有时甚至还会获得社会性回馈。

当你在帮助他人，或为了某人着想而做某些行为时，最好记住“互助互惠的原理”。人与人之间原本就有互助互惠的天性，当人收到某人的恩惠时，自然而然就会产生“想报恩”的心情。

举例来说，超市的食物贩售区有时会举办试吃活动，当你拿到店员给的试吃食物时，就算食物不怎么美味，你也不好意思就这么一走了之。若是全家出动一起试吃，有时就算不怎么想买，也会在不知不觉中将产品放在推车里。

或者是朋友去旅行买了礼物给你，换作自己去旅行时，总觉得也该买个礼物回赠。虽然你心里很明白朋友并不是为了回报而送礼，但就是觉得无论如何都要回礼，心情才会感到舒畅。

就像这样，人如果得到他人的帮助，就会产生“亏欠感”，而且这种亏欠的心情若一直持续，就会感到不舒服。因为我们的脑子会无意识地告诉自己：“如果得到别人的帮助，却没有回报，就会遭到讨厌。”

换句话说，在我们帮助别人时，就会让对方产生这种感觉。

当然，有些得到帮助的人会产生感谢的心情，却同时也会产生“真不好意思”和“想回报对方”的想法。虽然帮助他人的行为值得尊敬，但切记不要造成对方的负担，也就是要带着“感谢你让我付出”而不是“我给予你恩惠”的心情。

此外，要用愉悦的心情接受对方的回礼。如果不让对方“还你人情”，还让对方一直抱持着“欠你人情”的不舒畅心情时，最后甚至会让对方觉得跟你相处会喘不过气来。接受对方的回礼，可以减轻对方的负担。这是非常重要的事。

第四章

设定属于自己的幸福标准

目标具体，会招来意外的幸福

“运气”总是给人一种没有科学根据的印象，但其实很多科学家也都渴望遇到“偶然的幸运”。

不久前曾流行过一个单词“serendipity”（意外的幸福），这个词在辞典里的解释是“拥有发现意外的能力、招来幸福的能力”，简单解释就是“能抓住偶然幸福的能力”。

在科学界，有许多因“意外的幸福”而获得重大发现的实际案例，比较近期的就是2000年得到诺贝尔化学奖的白川英树博士，发现了导电塑胶（正式名称为“发现和发展导电聚合物”）。白川博士当时因为偶然的意外实验失败，才有这个重大发现。

1967年，当时还是东京工业大学助理的白川博士，指示学生进行聚乙炔合成膜实验。在合成膜实验中必须加入催化剂，但在某次的实验中弄错浓度，才造成实验失败。如果使用一般正常用量的催化剂，合成后会形成黑色粉末状，但加错用量的那一次，却形成了“银色的膜状物”。博士并没有丢弃实验失败的膜状物，反而追根究底地研究形成膜状的原因，经过数次实验，最后发现了导电塑胶。

此外，2002 年因“软激光解析电离法”而获得诺贝尔化学奖的岛津制作所的田中耕一，也是因为在失败的实验中有了大发现。

田中先生在某次的实验中使用了预定之外的溶剂，当他将金属超微粉末加进溶剂时，立即就察觉错用了溶剂。不过他觉得“虽然用错了溶剂，但就这么将金属超微粉末丢掉太可惜了”，于是继续进行实验，才有了新发现。

上述的例子，都只是科学界中“意外的幸福”的一小部分，还有很多科学家因“意外的幸福”而获得重大成就。除了科学家之外，也有很多其他各领域的人都遇过偶然的幸运。

大家经常说这些获得“意外的幸福”的人是好运人。如果真是这样，可以说他们都有共同的好运特质，但这个共同特质是什么呢？

我认为，倘若真有幸运之神，那幸运之神一定是将机会留给做好准备的人。

在做准备时，最重要的就是拥有明确的目标，并时时刻刻铭记在心。这些获得“意外的幸福”的人们，他们都有着强烈的意志，知道自己想做什么，想完成什么。

白川博士还是中学生时，就有了“想研究高分子，想做出新的塑胶”的想法。虽然这只是他众多目标中的一项，但如果博士完全没有这个目标，又怎么会有“意外的幸福”呢?

而田中耕一先生的例子，则是他们的研究团队有着“将分子量一万的试料电离化”的大目标。

只要设定了目的或目标，就可以朝着目标做出具体的努力。在追求目标的过程中也会增加智慧，产生创意。想抓住幸运之箭，虽然还要有好奇心或恒心等要素，但一切都必须从具体的目的或目标开始。

反过来说，如果没有具体的目的或目标，就没办法开始，而且幸运之神也不会把幸运之箭射向你。

设定属于自己的幸福标准

设定目的或目标时，重要的是必须符合自己的“幸福标准”。使用属于自己的“幸福标准”来衡量目标及梦想，是不可或缺的。

不过，我们必须了解何种情况可称作好运或坏运。举例来说，有人因为中了乐透彩而得到大笔奖金。光是看“中了乐透彩得到大笔奖金”一事，确实可以说这个人运气好。

然而，现实并非如此单纯，或许这个中了乐透彩的人有着比奖金更大笔的欠债，或早已拥有好几十亿的资产。我们也经常听到有人因为中了乐透得到大笔奖金，造成与亲戚关系的恶化，或人生步调因此大乱。相反地，也有人会有效地运用这笔奖金，获得更多的幸福。

换句话说，我们对于运气好坏一事无法给予客观的定义，遇到同样的处境时，必须由我们自己去决定那是好运或坏运。

那么，为什么有人会觉得“我运气真差”？最大的原因在于他们没有用属于自己的“幸福标准”来衡量目标及梦想，没有以符合自己的幸福价值观来决定自己“想做些什么”。

而且，价值观不明确的人，也容易受到他人的意见或一般的价值观影响。

我曾听过一个故事：有一对夫妇中了乐透彩，得到几十亿的奖金，于是拿了中奖的奖金买下他们原本所服务的公司。他们应该是想麻雀变凤凰，从员工变成老板。然而，数年后那间公司却出现比奖金更多的负债，最后甚至倒闭。

或许这对夫妇是受到一般价值观的影响，认为自己当老板会比较幸福吧。有可能是某人跟他们提议干脆买下公司，而他们接受了这个建议。虽然不知道真正的原因为何，但这对夫妇如果原本依照属于自己的价值观制订出目标，应该不会这么轻易就买下公司。

这个观点也可以套用在人的外表上。就好比有人对一个拥有好身材和美貌的女人说："你怎么不去当模特儿？"如果这个女人本身真的认为当模特儿可以让她找到工作意义及生存价值，那么她选择模特儿这个行业，当然能找到属于她的幸福。然而，她若只是因为受到他人意见的影响，才从事模特儿的工作，那么她总有一天会感到痛苦及烦恼，对自己所选的工作产生质疑。

换句话说，如果你所设定的目的或目标，不是用属于自己的幸福标准去衡量，那么好不容易得到的机会或努力就白白浪费了。此外，因受到他人的意见或一般价值观的影响，也会搞错金钱、学历、头衔、外表等"工具"的使用方式，于是导致"不幸"的事情发生。

上文提过的田中耕一，得奖时是四十三岁，职衔是"主任"。一般人都认为过了四十岁，应该要从"主任"升迁到更高的职位，不过田中先生却宁愿选择留在实验第一线，而非升迁。因为他认为"自己亲手做实验，亲手组装，与客户直接当面说明自己所制造的产品，比什么都来得有价值"。如果田中先生没有他自己的一套价值观，那么也就不会因留在现场工作而获得了诺贝尔奖。

你想实现的梦想是什么？

第四章

设定属于自己的幸福标准

你的生存目的、目标又是什么呢？

如果有，那是用属于你自己的幸福标准去制订出来的吗？

要抓住幸运之箭，首先就要先确认这一点。

不放弃竞赛

好运的人，不会放弃竞赛——也就是说，他们会奋战不懈。

我们生存在这世界上，就是参加各式各样的竞赛。最浅显易懂的例子，就是参加考试、工作面试或结婚，维系家庭生活。例如辞掉工作，就代表工作这个竞赛结束了。

我们经常同时参加数个不同的竞赛，而好运的人只要认定“这就是我所追求的事物”，就绝对不会自行结束竞赛。

所谓“这就是我所追求的事物”，指的就是符合自己的“幸福标准”的梦想或目的。

举例来说，奇幻小说《哈利·波特》系列的作者J. K.罗琳，现在是世界知名的作家，但她在写《哈利·波特》系列第一本时，只是一位默默无闻的女性。

罗琳从小就喜欢写作，但生长环境让她无法集中注意力。后来婚姻不顺遂，她带着小孩离了婚，生活变得艰苦，甚至患了忧郁症。即使生活如此困苦，仍旧没有放弃写小说的她，把忧郁症治好，一边接受生活救助，一边写出小说《哈利·波特与魔法石》。

然而，当时有十二家出版社都拒绝帮她出版这本后来成为畅销书的著作。最后，终于有第十三家出版社决定出版。这本书成了畅销世界的著作，还不断推出续集。后来她再婚，现在是英国首屈一指的富豪。

像这种仿佛是故事中才会出现的情节，罗琳却让它成为现实。或许可说是“她原本就具备才能”，但就算再怎么有才能，如果她半途就放弃“成为小说家”的梦想，就不可能实现吧。

换句话说，不放弃竞赛这件事是相当重要的，好运的人都懂得不轻易放弃竞赛的道理。

话虽然这么说，但还是有不少人在追求梦想及目标的道路上屡屡遇到挫折后，就会想要放弃。

要做到不放弃竞赛，秘诀就在于“要经常以随机漫步模式来思考竞赛”。

当我们丢出硬币时，出现正反面的几率各是二分之一。我们把它想象成一个图表。例如你丢一万次的硬币，出现正面就加一，出现反面就减一，以点的方式标示在图上。

那么，这些个点会呈现什么样子呢？大部分的人都会认为点会在以零为中心的狭小范围内移动。

不过，这不是正确的答案。因为点的变化范围有可能从负一万到正一万，所以点停留在以零为中心的范围内几率相当小。之前我也提过，这就是随机漫步模式。

当你实际丢出硬币，你会发现结果大多落在正两百到三百，或是负两百到三百。

若把这个原理套用在迈向现实的梦想及目标的道路时，负面的方向就是在实现梦想及目标的途中所遇到的坏事，而正面的方向就是所遇到的好事。

这就和丢出硬币一样，当我们朝着梦想及目标前进时，常常会出现连续遇到坏事或是连续遇到好事的状况。但以长远来看，把所有坏事及好事统统加进去，结果会发现好事与坏事的几率大概各占一半。

运气不好的人，因为没有长远的眼光，当持续遇到坏事时，就容易放弃竞赛。举例来说，有些人在投资失利或赌博输钱时，总是会把所有希望放在最后一次，投下大笔金钱，但却因此败光，最后变得自暴自弃，放弃了梦想及目标。

另一方面，好运的人即使频频遇到不顺利的事，却不会轻易地放弃。他们会在持续失利时，尽可能将损失降到最低，为了下一次的机会做好准备。

无论是好运或衰运的人，以长期来看，他们遇到的好事及坏事的几率大概各占一半。可是，坏运的人会半途放弃，而好运的人则会坚持到最后一刻。结果，好运的人会愈来愈幸运，而坏运的人则愈来愈糟糕。

也就是说，是否能掌握好运，跟原本所拥有的好运、坏运无关，关键只在于你是否能坚持到最后。

因此，在迈向梦想及目标的道路上，切记要经常以随机漫步的模式来思考。当你持续遇到不顺遂的事时，就要提醒自己，总有一天一定会往好的方向前进。你要多加思考，该做什么准备，才能把握住下一次好运的机会。相反地，当你一直很顺遂时，也不能大意，要更努力朝着实践梦想的方向迈进。最重要的一点就是不轻易放弃，才能获得最后胜利。

让大脑不厌倦学习的方法

虽然说不要轻易放弃竞赛很重要，不过任何竞赛都会出现让人想要放弃的“敌人”，其中最大的敌人应该就是“厌倦”。

人类的大脑容易适应刺激及感到厌倦。人家常说“恒心就是力量”，这个道理大家都明白，但却做不到，原因就在于大脑具有容易厌倦的特性。

那么，该怎么做才能改变大脑容易厌倦的特性呢？秘诀就是我们必须运用脑内的回馈机制，以及经常给予大脑新的刺激。

我用学习语言的例子来说明。你是否有学习外语时受挫的经验呢？学习语言最重要的就是持之以恒，但持之以恒也可以说是最困难的。

我在三十二岁时第一次接触法文，因为大学时学的第二外语是德文，法文可说是从零开始学习。

当我得知有可能实现愿望，到法国的萨克雷研究所工作时，便知道自己应该先学习法文。在我开始学习法文到实际前往研究所工作之间，大约有一年的时间，我尽可能在这一年内学会日常生活中有可能使用到的法文。

我是用什么方法学习呢？首先我思考的是：如果学会法文，我可以做些什么具体的事。举例来说，我想到如果我会说法文，就可以一个人昂首阔步地走进法国的咖啡店，享受喜爱的饮品及蛋糕，并可以与当地的研究人员针对感兴趣的研究议题畅谈一番。我还想象如果可以像大江健三郎一样，在得到诺贝尔文学奖时（1994 年）使用法文演讲，那该有多帅气，于是我下定决心："我一定要做到！"

学习语言的人，往往想的只是希望能够"顺畅表达"。但语言终究只不过是个沟通的工具，因此具体地思考自己想如何使用这个工具，变成什么样的状态是最重要的。你要将此想法当成目标，脑海中持续想象达成后自己的模样。

接着思考：为了完成这个目标，首先要做什么？以我来说，我决定从学习发音开始。一旦知道如何发音，过去听来只是噪音的声音，就突然变得具有意义了，这是十分令人感动的。

接着，为了学语法，我的目标就是读完一本薄薄的语法书。如果一开始就从厚的参考书开始学习，很有可能半途就会放弃。虽然只不过是一本薄薄的语法书，但学习完还是会产生成就感，因为“达成目标”而感动。

懂基本语法之后，我开始想写封信给法国人。我想用法文将自己的想法及思考传达给对方。因此找了法国人当笔友，开始交换电子邮件。我认为这是学习道地法文最好的机会。

当时我还没有清楚地意识到这样的学习方法有什么特殊意义，但事后想想，才发现这个学习方法非常适合大脑的特性。

因为我阶段性地给予脑部新的刺激，例如熟记发音、语法及写电子邮件。一样是学习法文，但分阶段地学习发音，再学习语法，如此一来，大脑就不会觉得厌倦。

此外，了解发音后就会懂得意思，再研读语法后，就能与人进行简单交谈，这是件很有趣的事。这种开心的感觉每次都会刺激我的回馈机制，分泌干劲之源的多巴胺，让人产生“下次也要再试试看”的想法。

当某种行为给予大脑快感时，脑部就会对此行为念念不忘，产生想要再重复同样行为的欲望。我学习法文时，就是利用大脑的这个特性。

要做到不放弃梦想及目标，这个方法也十分有效。

你要经常构想新思维，例如“是否可以更加用心”、“是否有其他努力的方式”等。给予脑部新的刺激，产生喜悦感，乐在其中并实践它。

这就是不让大脑厌倦的方法，也是让自己距离目标及梦想更近的方法。

试着接纳坏事

试着接纳坏事——这也是好运人的共通点。

无论再怎么幸运的人，在他的一生之中肯定都遇过悲伤或痛苦的事。任何人的生命中，应该都有过失败、挫折、生离死别等负面的事。

那么，好运的人和衰运的人的差异在哪呢？差异就在他们遇到负面事情时的对应处理方式。

举例来说，因截获微中子，开拓了微中子天文学的新学问领域，而获得诺贝尔物理学奖（2002 年）的小柴昌俊博士，在得奖时，被称作是“超级幸运星”。

微中子是宇宙中的基本粒子，也被认为是解开宇宙之谜的关键。微中子经常大量落在地球上，会穿过我们的身体，是很难检测出的基本粒子。

小柴博士制造了一部能够检测出微中子的“神冈探测器”，这种庞大装置原本是用来确认质子衰变现象的装置，于一九八七年二月首次成功地截获微中子。

微中子是十六万年前的大麦哲伦星系发生超新星爆发所产生的物质，经过十六万年，大量落在地球上。小柴博士开始使用神冈探测器观测不久后，便截获了这个微中子，当时距离小柴博士退休仅剩一个月的时间。不仅如此，也没有因为替换观测记录用的胶卷而错失这个微中子，可说是很幸运。

当然小柴博士并不是光靠好运便截获微中子，而是靠长年的完备的准备、踏实的努力、新创意以及行动力等，才获得幸运之神的眷顾。

话虽这么说，其实小柴博士并不是一路都过得相当顺遂的人。他在小时候曾有过当音乐家或军人的梦想，却不幸在中学时患了小儿麻痹，并因为后遗症而不得不放弃这个梦想。

可是，躺在病床上的少年小柴却与物理学相遇。当时小柴学校的老师送了一本爱因斯坦所写的《物理之演进》给他。隔了数十年，小柴因而获得了诺贝尔奖。

此外，田中耕一在找工作时，他所选的第一志愿的家电制造商并没有录取他。后来进了岛津制作所，田中的想法是“想要从事有助于人类健康的工作”，所以希望能够被分配至医用事业部。然而进入公司后却被分配在研究所，这让他在当时有些失望。可是，他却因待在研究所，并因所研究的成果而获得诺贝尔奖。

就像这样，我们身边有许多乍看之下是负面的事，却在之后成为了正面的转折点。

特别是被称作好运的人，过去都有一些不顺遂的经验。**他们的共通点，就是绝对不会在发生负面的事时自暴自弃。当然，当下有可能会感叹、痛苦及失落。或许被打击得体无完肤，但他们不会一蹶不振，也不会怨天尤人或放弃一切。也就是说，他们会先接纳坏消息，再思考“接下来该怎么做”。**

反过来说，坏运的人在发生不顺遂的事时，会一直拘泥于事情本身。他们会说：“啊，太糟糕了，一切都完了。”变得自暴自弃，而且会有全盘放弃的倾向。

即使是坏事，但内容却有着天壤之别，有些会给人极大的打击，有些只是小小的挫败。不过，以长远的角度来看，其实大多都是些微不足道的小事而已。

因此，即使发生了不好的事，也不要太过在意或排斥结

果，反而要先接纳事实。虽然这不是一件简单的事，但要试着努力看看，再去思考要如何挽救。

能做到的人，就可说是好运的人。

永远牢记自己的梦想

假设某一天，你中了一亿元的乐透。在不能存下来的情况下，你会如何使用这一亿元？

你是否能立刻回答呢？如果可以，那你就是个好运的人。

你的梦想是否能实现？是否能抓住幸运之箭？其实关键就在这里。

能够实现梦想、收获“意外的幸福”的人，他们经常会思考自己的梦想或目标，并总是在脑海里描绘实现梦想或目标时的状态。

或许你会认为有很多用金钱买不到的梦想或目标，但有时为了实现梦想及目标，却也少不了钱吧。经常在思考梦想及目标的人，在得到意想不到的奖金时，应该会立刻想拿去实现梦想及目标。换句话说，刚才我说的“好运的人”，更正确的说法应该是“若是回答一亿元要拿去实现梦想及目标的人，就是好运的人”。

这就和看到流星时向流星许愿，愿望就会实现一样。并不是流星替自己实现愿望，而是因为“脑海里时常在思考梦想及目标”，才距离自己的梦想更近。

因此，首先你必须先弄清楚自己的梦想及目标为何。

之前我也提过，你必须使用符合自己的“幸福标准”来制订梦想及目标，并确认是否受世俗的价值观或他人意见所影响。

此外，这个梦想及目标必须是可以实现的，因为大脑会自动判断梦想及目标是否不切实际。如果太不切实际，就没有办法形成动机，产生“干劲”。

倘若你的梦想及目标不够贴近现实，建议你应该稍微降低标准。举例来说，“想住在 1970 年代”这样的梦想就不太实际，不过改成“想吃与 1970 年代相同的食物”或“想过着被 1970 年代的书籍包围的生活”，就实际多了。

此外，搞清楚手段及目的，也是很重要的事。

虽然“想中乐透彩”、“希望考上好大学”、“想更瘦一些”等愿望，可能是大多数人的心愿，但其实这些称不上是愿望。金钱、学历及身材只不过是达成梦想及目标的手段，你应该思考的是更长远的事。你必须先搞清楚：是为了什么才想中乐透彩？是为了什么原因才要进好大学？是为了什么想要瘦身？

一旦制订明确的梦想及目标，就要经常把它放在心上。但我们的脑有“健忘”的特性，若想要让自己牢牢记住，可以用“写在纸上”的方式。

人家常说，若将梦想及目标写在纸上就容易实现；或是如果有想要的东西，也可以将照片及图片贴在身边各个地方。其实，这也与脑内的神经传导物质多巴胺有着密不可分的关系。人在感到幸福或高兴时，就会分泌多巴胺。

当人看到写着梦想及目标的纸张，或看到想要东西的照片时，脑部就会自然想象实现梦想及目标，或是得到想要东西时的景象。

举例来说，当你一边想着买新衣服，一边翻阅时尚杂志，如果你在杂志上看到自己喜欢的衣服，心情就会感到雀跃，这是因为大脑在想象自己买到那件衣服时所产生的喜悦感。

事实上，我们的大脑有期待回馈时会产生快感的特性。这份快感，比起得到实际回馈时的快感，可说是有过之而无不及，而这份快感正是让人想要努力的原动力。

这就跟我们看到纸张上所写的梦想及目标一样，大脑因为想象实现后的景象，所以感到有快感而分泌多巴胺。与“干劲”有关联的多巴胺，会促使我们付诸行动来达成梦想及目标。

将梦想及目标写在纸上之后，就要频繁地看着那张纸，甚至要做到即使不看，也能自然而然地想象出梦想及目标实现后的景象。

就算某一天，你突然中了乐透彩，也不会感到慌张。因为你早已知道这笔钱该怎么使用了……

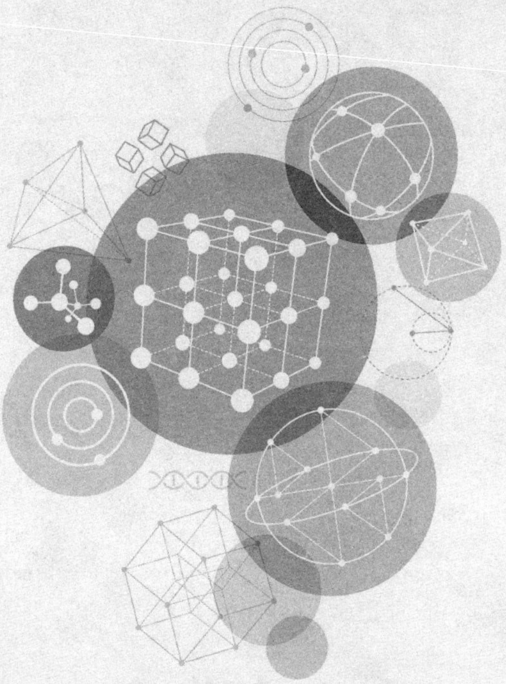

第五章

正向祈祷

正向的祈祷，有助大脑分泌快感物质

把具体的努力及心思放在一旁，先祈祷。

并不需要向特定的神明祈祷，也可以向祖先、老天爷轻轻地双手合十祈祷，希望自己的心愿实现，运气能变好。

祈祷有助于身心健康，甚至可以提升运气。

怎么样的祈祷有助于身心健康？就是不只替自己祈祷，还要正面地祈祷别人也得到幸福。

举例来说，每逢新年都会有很多业务员向神明祈祷“希望今年的业绩能够增长”，这是只站在自己的立场祈祷。

这种情况下，你要试着思考自己的业绩增长，是否也可以为他人带来幸福？业绩增长，薪水也会跟着调涨，或许就可以实现全家人一起旅行的心愿了。贩售良好品质的商品，也算是给客户提供便利及喜悦。

换句话说，你祈祷的焦点必须放在：自己想实现的愿望，是否也可以带给别人幸福。

如果你希望“今年的业绩能够增长”，那么你应该换个方式祈祷，例如“为了带全家人旅行，希望业绩能够增长”、“希望让更多客户感觉到商品带来的方便及喜悦”等。

如果你希望“遇到好对象”，那么应该换个方式祈祷，例如“希望遇见父母亲也会喜欢的好对象”。

如果你希望“拥有一间独栋别墅”，那么你应该祈祷“希望让孩子有更大的生活空间，所以想要一间独栋别墅”、“希望让父母亲或朋友任何时刻都能住宿，所以想要一间独栋别墅”。

之前提过，人的脑里有一个称作“内前额皮质区”的部位，会对自己的行为给予评价，脑部会根据祈祷的内容判断是好还是坏。

当你不是只替自己祈祷，也替别人祈祷可以得到幸福时，脑部一定会判断“这是好的祈祷”！

换成“想把别人踩在脚下”、“希望他会输掉”等负面祈祷，脑部当然会判断“这是坏的祈祷”！

当大脑判断“这是好的祈祷”时，就会分泌 β–脑内啡、多巴胺及催产素等脑内快感物质（脑部内神经传导物质之中，可以带来幸福感及快感的物质总称）。

其中，β–脑内啡可以促使脑部活性化，提高身体的免疫力，预防各式各样的疾病，而且还可以增强记忆力及集中注意力。

此外，催产素也可以提高记忆力。

顺带一提，脑部若是判断为“坏的祈祷”时，就会分泌称作“皮质醇”的压力荷尔蒙。皮质醇是生物体内的必需的荷尔蒙，但如果分泌过多，负责记忆的重要角色“海马回”部位就会萎缩。

就像这样，“好的祈祷”有助于身心健康，而“坏的祈祷”则会造成负担。

不过，话虽这么说，我不建议太勉强自己去思考别人的幸福。

因为内前额皮质区能够清楚地识破谎言。如果心里完全没有祈祷的意愿，大脑就会判断是“虚伪”，无法成为正面的祈祷。

祈祷时绝对不要勉强自己，而是发自内心地希望别人也幸福。如此一来，不仅有助于身心健康，愿望也会容易实现。

为多数人祈祷，愿望更易实现

为了多数人的幸福祈祷，会比只替自己祈祷更容易实现愿望。

举例来说，你祈祷“能存更多钱”。“希望能存更多钱”的心愿，实际上可以成为存钱的动机，也可以变成目标，所以是一个有用的祈祷。不过光是祈祷是无法存钱的，因为实际上能存多少钱，与你祈祷后的行动有关。

只想到个人幸福的人，和考量到众人幸福的人，所做出的行动是不同的。尤其在陷入苦境时，这两种人付诸行动的差异最大。

例如，虽然很想存钱，但公司却倒闭了。因为是小公司，全公司的员工都要辞职。在这种情况下，光是想到自己的利益、一心想存钱的人就容易放弃目标。这种人会产生“公司倒闭，我哪还能存钱”、“仔细想想，只要喂得饱自己，根本不需要存什么钱”等想法而放弃目标。

可是一想到家人、伙伴和员工，就不太可能轻易放弃目标，即使拼死拼活也要花心思努力看看。

日本松下电器的创办人松下幸之助，曾经在著作《我如何下决断》中写道：“当我跟厂商恳求一项不太可能达成的生意时，脑海里总会浮现汗流浃背的员工的脸。”

经营公司，有时必须低声下气拜托厂商。虽然短时间没办法让对方得到利益，但如果不拜托对方，公司的经营就立刻会出问题。当松下幸之助在做这种强人所难的请求时，他的脑海里总会浮现员工的脸。如果只是单纯为了自己的利益，松下幸之助大可放弃努力直接回家，但他知道自己还有好几百名员工要养，如果放弃，员工的认真付出岂不白费？所以绝不能轻易放弃。他不是为了自己而赚钱，而是为了所有的员工赚钱。

煮饭时，如果是为了其他人而煮，就能提高煮饭的意愿。如果瘦下来有人也会为自己开心，就能继续努力减肥。

如果只是为了自己，脑部不会起太大的变化。但如果是为了他人而行动，脑部就会判断“这是好的行动”而分泌感到快乐的物质。换句话说，为了他人行动，会比为了自己行动，让自己更开心。如果付出的对象愈多，所分泌的快乐物质当然也就愈多。

不是为了自己，而是为了他人而行动，可以让自己发挥更大的潜能。

因此当你在祈祷时，可以试着为更多人祈祷。这也是容易实现愿望的诀窍之一。

为敌人祈祷，自己也受益

祈祷时，不光想到自己，也会想到他人，而且尽可能为多数人祈求。如果你能做到这个程度，接下来不妨挑战“为敌人祈祷”。

是否有些人让你觉得难搞或讨厌呢？虽然你可以告诉自己“不要想起那个人的事”，但还是常常不自主地想起那个难搞或讨厌的人。

当我们想起难搞或讨厌的人时，脑部就会分泌名为“皮质醇”的压力荷尔蒙。之前我也提过，皮质醇是生物体内必需的荷尔蒙，但分泌量如果增加太多，会让血压或血糖上升，降低免疫力，还会影响记忆及精神层面，造成身体的负担。

但如果你能替难搞或讨厌的人祈祷，希望他们得到幸福，那么脑内就会分泌快乐物质，有助于身心的健康。

然而，改变想法毕竟不是件简单的事。我有时也会一直想起讨厌的人，这时，我都会以释迦牟尼佛与提婆达多的例子来作为借镜。

提婆达多是释迦牟尼佛的堂兄弟，虽然是个优秀的人，但因为非常嫉妒释迦牟尼佛，好几次都试着想要杀掉释迦牟尼佛。而且提婆达多还带着释迦牟尼佛的五百位弟子离开，另外成立一个教派。

对于释迦牟尼佛而言，提婆达多可说就是个“敌人”吧。但《妙法莲华经》记载，释迦牟尼佛说过：“在前世，提婆达多给我讲过大乘佛法，在无量劫后会成为天王如来佛。”

虽然要达到释迦牟尼佛的境界有些困难，但我们可以让自己接近他的想法。

当你冷静地思考，你会发现不善于相处或讨厌的人，经常会成为你的反面教材。有时我们会找到自己身上有着与难搞或讨厌的人相同的缺点，但这刚好是可以改正自己的缺点的最好机会。他们仿佛就是你的“老师”。当你这么想时，是否可以稍稍改变自己对于难搞或讨厌的人的看法及想法呢?

当然，你不需要勉强自己立即为讨厌的人祈祷。因为若你勉为其难地祈祷，大脑也会看穿“谎言”。不过，你可以试着调整自己的心态来看待难搞或讨厌的人。如此一来，大脑应该也会朝着好的方向迈进。

为生病的人祈祷

当家人或朋友等亲近的人病倒时，我们都会为他们祈祷，“希望病赶快治好”。

虽然这是为了他人的幸福而祈祷，但我相信这个祈祷具有某种程度的效果。

你知道有种名为“安慰剂效应”的现象吗？安慰剂是用在开发新药时判断药效的东西，肉眼看起来与真正的药剂完全相同，但成分只是砂糖，完全没有药效。

确认药效的实验，是将实验者分成两组，一组给予新药剂，另一组则给予安慰剂。拿到安慰剂的实验者完全不知拿到的是安慰剂，医疗人员在递给他们安慰剂时，会说明真正药剂的功效。

进行这个实验后，拿到安慰剂的实验者中，有三成真的出现了原本不该出现的药效。约三个人之中，就有一个因为相信“吃这个药有效”，而产生了药效。

此外，精神科医生李·柏克和雷诺·凯文也进行了一项实验，医生拿药剂给病患并说：“虽然这只是用砂糖制作的药剂，但患有跟你一样病症的人，服用三个星期后，病情有了明显的改善。”

结果，这个实验中，也有三成的人出现了原本不应该有的药效。这表示即使病患本身晓得那只是安慰剂，但因为相信医生的话，所以还是出现了药效。

另外，还有一种称作“反安慰剂效应”的现象。那就是虽然在医学上是无害于身体，但病患却相信有害而生病或死亡。例如，医生递药给病患时告知：“这种药会引起副作用。”即使递给病患的是安慰剂，却也会发生真的引起副作用的情况。

或者是，持续服用特定药物的病患深信药剂非常有效。假如病患认为“医生不再开这种药”，即使实际上医生还是持续给予病患此种药物，但药剂的效果却会消失。

就像这样，人光靠意志就可以引起身体上许多的变化，而这个变化甚至有时会影响到生命安危。相信程度愈高，变化就会愈大。

要提高一个人的相信程度，就必须靠“别人的祈祷”。举例来说，有一个人病倒了。这个人本身认为“我可能活不久了”，但心里却又抱持着一点希望：“可是我好想活下去。”“或许我还能撑一阵子。”

他的家人强烈地为他祈祷“能继续活下去”。这个人看到家人如此努力地为自己祈祷的模样，心里就会产生“为了家人，无论如何我也要努力地活下去”的念头，或是“发现自己活下去的意义”，这将成为他活下去的力量。

因为镜像神经元运作的关系，祈祷者的积极态度也会影响病患。找到生存意义的人，会刺激脑内的回馈机制，有时也会因自然杀手细胞等免疫系统物质的活化而痊愈。

诚心诚意地祈祷，会让对方的身体产生变化。

当然，生病无法只靠“祈祷”就能百分之百治愈。然而祈祷有时会帮助病情好转，这是值得相信的事实。

结语

将自己的脑改成“好运脑”

在本书中，我写了许多有关好运人的共同的思考方式、行为模式，或是让运气变好的举止行动。结论就是所谓的运气，并不是每个人原本所拥有的，也不是与生俱来的，而是会根据那个人的思考及行为模式而产生变化。

如果是这样，只要将思考及行为模式转换成“好运脑”不就可以了吗？

以前，科学家认为“人类的脑细胞在成人后就不会增加，只会减少”。人类的脑乃是根据每个人所拥有的基因设计图所构成，长大成人后，脑部就会跟设计图一模一样而不再改变。

然而，瑞典的爱瑞克森和美国的盖兹早已于1998年证实，成人的脑里会不断增加新的突触（神经细胞）。他们取得住院病患的协助，在病患去世之后检查他们的脑部，发现海马回的齿状回部位有长出新神经的迹象。

此外，人如果得到新的经验，脑部受到新的刺激，脑内也会逐渐产生变化，所以说大脑是具有可塑性的。

换句话说，我们的大脑可以活到老，学到老。

那么，要如何让大脑产生变化呢？能让大脑变成“好运脑”吗？方法之一就是“祈祷”。

我说过，好的祈祷可以为大脑带来正面的影响。即便只祈祷一次，只要是真心祈祷，脑内就会产生好的变化。不过，如果你期望脑内所产生的变化能够影响每天的行为或思考模式，一次的祈祷铁定不够。

人类的细胞更生大约需要花三个月，骨头等较硬的组织要花费更长的时间，但皮肤或肌肉大概是三个月。大脑几乎都是脂肪所组成，所以大脑的细胞也可以说是三个月更生一次。

因此我们要让“祈祷”变成习惯，靠习惯性的祈祷，来改变大脑。

我建议的方法是每天早晚各祈祷一次。在一天的开始与结束，花时间重新审视自己，可以让大脑的成长获得最大的效果。

最好能早睡早起，拥有充足的睡眠。早上沐浴在阳光下进行祈祷，可以促进分泌让心情平稳下来的血清素荷尔蒙。

早上比晚上更容易产生乐观的想法，所以可以集中精神，把眼光放在未来，思考“将来自己想成为什么”以及“想达成什么目标”。

顺带一提，最近的研究显示，当人对未来抱有憧憬时，海马回的运作会变得更有活力。海马回是负责“记忆”的重要部位（因此，在考试日的早上祈祷，也会有一定的效果）。

到了晚上，则是回顾当天的事并自我反省。思考为了将来及目标，今天的自己能做些什么。反省有什么事是自己没做到的，并思考明天的自己可以做些什么。

为了实现目标及梦想，你必须将它们记在脑海里，因此将每天的祈祷变成习惯，是一个有效的方法。

此外，大脑也有“例行性（模式化、单调化）倾向”的特性，也就是希望做的都是一些“不须思考就能做到的事”。“祈祷”这个行为，也容易受到此特性的影响。换句话说，我们会在无意识的情况下，敷衍了事地祈祷，但敷衍的祈祷无法带给大脑好的影响。

因此，最重要的就是每天都真正有意识地祈祷。

要事先决定祈祷时的态度、时间及地点。例如："一起床就立即边晒太阳边祈祷。""在睡觉之前，坐好调整心情后，进行夜晚的祈祷。"

决定之后，每天早晚都要真心地祈祷。如果能持之以恒地祈祷，大脑就会产生好的变化，形成"好运脑"。

书中我写了各式各样让运气变好的方法，不知你觉得如何呢？对于任何人都可以轻松实行"改运的方法"，是否让你觉得意外呢？我真心地祈祷，希望大家可以借由这本书抓住幸福，朝着幸福的人生前进。